土木工程再生利用技术丛书

U0229421

土木工程再生利用价值分析

李慧民　胡　炘　李文龙　李　勤　编著

科学出版社

北　京

内 容 简 介

本书针对土木工程再生利用的特点，深入挖掘土木工程再生利用价值，对土木工程再生利用价值进行了系统梳理和深入剖析，并将理论联系实际，对实际的再生利用案例进行了价值评定。全书共 8 章：第 1 章论述了土木工程再生利用价值分析内涵、理论基础及构成；第 2～6 章分别对土木工程再生利用空间安全、投资价值、文化价值、生态价值和社会价值进行了分析，主要探讨各价值的认知基础、影响因素及表现形式；第 7、8 章构建了价值评定模型，并基于工程实例进行了验证。

本书可作为高等院校土木工程、工程管理、建筑学及城乡规划等相关专业本科生的教学参考书，也可作为从事土木工程再生利用相关领域的工程技术及管理人员的培训教材。

图书在版编目（CIP）数据

土木工程再生利用价值分析/李慧民等编著. —北京：科学出版社，2021.3
（土木工程再生利用技术丛书）
ISBN 978-7-03-068247-5

Ⅰ. ①土… Ⅱ. ①李… Ⅲ. ①土木工程-废物综合利用-研究 Ⅳ. ①X799.1

中国版本图书馆 CIP 数据核字（2021）第 039480 号

责任编辑：任　俊 / 责任校对：王　瑞
责任印制：张　伟 / 封面设计：迷底书装

科学出版社 出版
北京东黄城根北街 16 号
邮政编码：100717
http://www.sciencep.com
涿州市般阅文化传播有限公司印刷
科学出版社发行　各地新华书店经销
*
2021 年 3 月第 一 版　开本：787×1092　1/16
2022 年 1 月第二次印刷　印张：11
字数：254 000

定价：88.00 元
（如有印装质量问题，我社负责调换）

本书编写(调研)组

组　　长：李慧民

副组长：胡　炘　　李文龙　　李　勤

成　　员：孟　海　　陈　旭　　武　乾　　段品生　　王　蓓
　　　　　郭　平　　柴　庆　　刘亚丽　　张　芳　　郭晓楠
　　　　　孙惠香　　史玉芳　　盛金喜　　贾丽欣　　田　卫
　　　　　张　扬　　裴兴旺　　陈　博　　郭海东　　刘怡君
　　　　　程　伟　　刘钧宁　　尹志洲　　田伟东　　郁小茜
　　　　　周　帆　　邸　巍　　崔　凯　　熊　雄　　王立杰
　　　　　于光玉　　龚建飞　　樊胜军　　杨战军　　刚家斌
　　　　　赵向东　　周崇刚　　马海骋　　王　楠　　王　川
　　　　　黄　莺　　蒋红妍　　陈曦虎　　张　健　　刘慧军
　　　　　高明哲　　张广敏　　张　勇　　王孙梦　　华　珊
　　　　　王　莉　　万婷婷

前　言

经过改革开放以来 40 多年的高速发展,我国目前现有土木工程存量巨大,大量斥巨资建造的工程在使用不久后便被过早拆除,其建筑面积可达数亿平方米。根据《国务院办公厅关于推进城区老工业区搬迁改造的指导意见》《国务院关于进一步做好城镇棚户区和城乡危房改造及配套基础设施建设有关工作的意见》《住房城乡建设部关于进一步做好城市既有建筑保留利用和更新改造工作的通知》等文件的精神,在城市更新和遗产保护的背景下,分析土木工程再生利用价值,并对其进行合理的再生利用十分重要。

本书系统梳理土木工程自身蕴含的多维价值并进行深入分析,旨在为我国土木工程再生利用价值分析提供基础理论和参考借鉴。本书由李慧民、胡炘、李文龙、李勤编著。各章分工如下:第 1 章由李慧民、胡炘、段品生撰写;第 2 章由李文龙、郭晓楠、尹志洲撰写;第 3 章由李勤、张芳、田伟东撰写;第 4 章由胡炘、柴庆、段品生撰写;第 5 章由李慧民、王川、郭平、郁小茜撰写;第 6 章由段品生、刘亚丽、王川、李勤撰写;第 7 章由胡炘、李文龙、王蓓撰写;第 8 章由李勤、王蓓、李慧民撰写。

本书的编写得到国家自然科学基金项目"考虑工序可变的旧工业建筑再生施工扬尘危害风险动态控制方法研究"(批准号:51908452)、"生态安全约束下旧工业区绿色再生机理、测度与评价研究"(批准号:51808424)、"绿色节能导向的旧工业建筑功能转型机理研究"(批准号:51678479)和"基于博弈论的旧工业区再生利用利益机制研究"(批准号:51478384),住房和城乡建设部课题"基于绿色理念的旧工业区协同再生机理研究"(批准号:2018-R1-009)和"生态宜居理念导向下城市老城区人居环境整治及历史文化传承研究"(批准号:2018-K2-004),北京市社会科学基金项目"宜居理念导向下北京老城区历史文化传承与文化空间重构研究"(批准号:18YTC020),北京市教育科学"十三五"规划课题"共生理念在历史街区保护规划设计课程中的实践研究"(批准号:CDDB19167),北京建筑大学未来城市设计高精尖创新中心资助项目"创新驱动下的未来城乡空间形态及其城乡规划理论和方法研究"(批准号:udc2018010921)和"城市更新关键技术研究——以北展社区为例"(批准号:udc2016020100),中国建设教育协会课题"文脉传承在'老城街区保护规划'课程中的实践研究"(批准号:2019061)等的支持。

本书的编写得到了西安建筑科技大学、北京建筑大学、西安高新硬科技产业投资控股集团有限公司、中冶建筑研究总院有限公司、西安建筑科技大学华清学院、中天西北建设投资集团有限公司、昆明八七一文化投资有限公司、中国核工业中原建设有限公司、百盛联合集团有限公司、西安市住房保障和房屋管理局、西安华清科教产业(集团)

有限公司等的大力支持与帮助。同时，在编写过程中还参考了许多专家和学者的有关研究成果及文献资料，在此一并向他们表示衷心的感谢！

　　由于作者水平有限，书中难免存在不足之处，敬请广大读者批评指正。

作　者

2020 年 7 月

目　　录

第1章 土木工程再生利用价值分析基础

1.1 再生利用价值分析内涵

1.1.1 土木工程的内涵

土木工程译为英语是"Civil Engineering",即"房屋建筑工程"。本书所指土木工程,即再生利用的对象,是指用土、石、砖、木、混凝土(钢筋混凝土)及金属材料等建筑材料建成的房屋、道路、铁路、桥梁、隧道、河流、港口、市政卫生工程等建(构)筑物。根据我国的土木工程划分情况,本书将再生利用对象分为房屋工程、桥梁工程、隧道及地下工程、道路工程、铁路工程、机场工程、其他工程等。土木工程再生利用效果如图1-1和图1-2所示。

(a) 厂房改造前(陕西钢铁厂)　　　　　　　　(b) 厂房改造后(老钢厂设计创意产业园)

图 1-1　工业建筑再生利用

(a) 铁路桥梁改造前(滨州铁路桥)　　　　　　　(b) 铁路桥梁改造后(中东铁路公园)

图 1-2　铁路桥梁再生利用

土木工程再生利用既是一项新生事物,也是建筑业发展的大趋势。统计欧美国家用在新建设和旧房改建上的资金比例时发现,英国的比例是1∶1,美国的比例是3∶7。国内外土木工程再生利用案例见表1-1。土木工程再生利用最显著的价值在于有利于保护资源，减少环境污染。通过对土木工程进行保护性再生利用，在其生命周期内予以不断更新使用，可以延长建筑使用寿命、降低拆除重建频率和成本、改善环境污染状况。

表1-1 土木工程再生利用案例

建筑类型		建造时间	再生时间	再生前名称	再生后名称	地址
房屋工程	民用建筑	1987年	2016年	上海锦沧文华酒店	上海锦沧文化大酒店	上海市静安区南京西路
	工业建筑	1958年	2002年	陕西钢铁厂	老钢厂设计创意产业园	西安市幸福南路与建工路交会处
桥梁工程	铁路桥梁	1898年	2015年	滨州铁路桥	中东铁路公园	哈尔滨市道里区森林街至大新街段
	公路桥梁	1963年	2012年	华盛顿湖浮桥	新华盛顿湖浮桥	美国西雅图华盛顿湖
隧道及地下工程		1956年	2013年	鸿山隧道	厦门铁路文化公园	厦门市思明区思明南路
道路工程		1970年	2017年	首尔中央火车站高架桥	首尔路7017	韩国首尔特别市中区青坡路
铁路工程		1930年	2006年	铁路货运专用线	高线公园	美国纽约曼哈顿中城西侧
机场工程		1923年	2008年	柏林滕珀尔霍夫机场	柏林滕珀尔霍夫公园	德国柏林市新克尔恩区和滕珀尔霍夫区
其他工程		1914年	1989年	芝加哥海军码头	芝加哥海军码头	美国芝加哥密歇根湖边

1.1.2 再生利用的内涵

1. 土木工程全寿命周期

土木工程的全寿命周期应包括3个阶段，即原始生命周期、次生命周期和新生命周期，如图1-3所示。从土木工程的规划与设计、建造、运行与维护，到土木工程的既有功能结束转变成建筑遗存的寿命周期阶段为土木工程的第一个生命周期阶段，也可称为土木工程的原始生命周期。当建筑遗存通过再生利用赋予其新的使用功能而转变成为新的形式后(如再生利用为办公建筑、公园景点等)，这个"新形式"经过了新的运营过程直至其寿命终结的整个生命周期为土木工程的第二个生命周期阶段，也可称为土木工程的次生命周期。当土木工程被再生利用后转变成的"新形式"的使用寿命也终结，导致其必须被废弃拆除后，其工程原材料、设施、设备等物质又可作为新的资源重新进入下一个新的产品中，这个新产品的生命周期阶段为土木工程的第三个生命周期阶段，也可称为土木工程的新生命周期。

与之对应的，按照传统的线性经济理念，物品的一次使用寿命结束即意味着整个寿命周期的结束，可见，传统的经济理念下，土木工程的全寿命周期仅由上文所述的原始生命周期组成。传统线性经济强调产品的一次性使用，因此在传统的线性经济理念下，土木工程因为其内在生产活动的结束，整个寿命周期结束，土木工程的寿命周期被大大缩短或忽视了。因强调产品的再利用和多次使用，土木工程通过再利用和再循环可使自身的寿命周期得到延长。

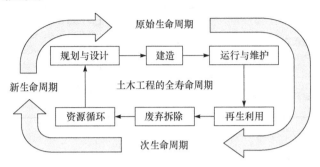

图 1-3 再生利用理念下的土木工程全寿命周期

2. 再生利用的概念比较

再生利用由于改造观念、实施对象和更新手段的不同，存在许多相关的概念与观念，没有明确严谨的定义。它的提出基于"建筑再生"理念及其延伸，是在再利用理论成果基础上，随时代发展而升华的更富有人文关怀、更加自由、更具生态理念和创造性的概念。土木工程的再生利用，不仅仅是原有空间的延续，也不单单是结构破损时的加固、修复后的继续使用。它在这个过程中赋予结构新的生命，既有适当保留，又包含创新。

当今"建筑再生改造"一词已经成为建筑建设的热点话题，而"再生"一词本身在定义上就存在较大的分歧，不同的认知也导致了对"再生"存在不同看法。例如，改造强调的是过程，没有体现最终改造的意义与内涵；更新强调的是以旧换新的过程，体现的是一种策略，没有体现建筑本身的价值；再利用强调的是一种行为，将建筑的消极元素转化为积极元素，开发新的价值，体现的是一种态度。而再生利用，强调的是一种目的与意义，它首先是对原有建筑价值的肯定。为了让其重新获得活力，制定设计策略并执行相应的计划与措施，使建筑达到再生的目的，最终形成精神上的认知。目前较常见的再生利用相关概念对比见表 1-2。

表 1-2 再生利用相关概念比较

相关概念	特征	与城市经济结构的关系	与建筑价值的关系
改造	强调过程而无结果	适应	对物质意义与精神内涵的忽视
复兴	强调建筑物功能上的恢复	适应	多见于对居住建筑的修缮，使其恢复原有状态和价值，但含适当的改造
更新	强调过程与策略	适应	对既有建筑的原有物质价值的忽视
再利用	强调改造过程中价值的转换，同时体现策略性	适应	应用的范围较广而导致目的性不强，忽视原有建筑精神内涵

续表

相关概念	特征	与城市经济结构的关系	与建筑价值的关系
保护	强调目的与意义	限制	尊重建筑价值，保持其真原性
再生利用	强调目的与意义	适应	首先是对原有建筑价值的肯定，为了让其重新获得活力，而制定设计策略并执行相应的计划与措施，使建筑达到再生的目的，体现的是一种精神
适应性再生利用	强调更改建筑物最初的使用功能	适应	使其适应新的使用要求，从而使建筑物获得新活力，体现建筑物整体机能的复苏与活化

1.1.3 价值分析的内涵

1. 含义

价值泛指客体对于主体表现出来的积极意义和有用性。作为哲学范畴的价值主要表达人类生活中的一种普遍关系，就是客体的存在、属性和变化对于主体人的意义，也是人类实践的一种理论抽象。而经济学范畴的价值指体现在商品里的社会必要劳动。不经过人类劳动加工的东西，如空气，即使对人们有使用价值，也不具有价值。价值在很多领域有特定的形态，如社会价值、个人价值、经济价值、法律价值等。这些价值是人在不同领域发展中的范畴性、规律性的本质存在。

根据不同的分类标准，可以将价值分为许多类型。例如，根据作用主体类型的不同，价值可分为个体性价值、集体性价值和社会性价值：个体性价值指事物对于个人所产生的价值；集体性价值指事物对于集体所产生的价值；社会性价值指事物对于社会所产生的价值。根据作用社会领域的不同，价值可分为经济类价值、政治类价值和文化类价值。而根据作用事物类型的不同，价值可分为真假类价值、善恶类价值和美丑类价值三种：真假类价值是指思维性事物(如知识、思维方式等)对于主体所产生的价值；善恶类价值是指行为性事物(如行为、行为规范等)对于主体所产生的价值；美丑类价值是指生理性事物(如生活资料、生产资料等)对于主体所产生的价值。另外，根据载体类型的不同，价值可分为物质性价值和精神性价值；物质性价值寄生于物质之上，用于满足人们的物质需求；而精神性价值是人们创造出的精神财富，用于满足人们主观思想上的需要。

本书所讲的土木工程再生利用价值，特指土木工程再生利用过程中所表现出的有用性，包括对安全、投资、文化、生态和社会等方面起到的推动作用。再生利用价值是一种社会性价值，通过再生利用，创造性地满足社会对土木工程的使用要求，表现出再次服务社会、满足大众需求的特性。

2. 意义

1) 有利于挖掘土木工程的潜在历史文化

工业革命以后，由于生产力的迅猛发展，整个社会的运作方式及由此产生的城市功能、布局等都受到巨大冲击，人们不得不对建筑做出一定改变。然而，在更新中，人们多陶醉于新技术、新材料，过分依循"形体决定论"来创造新建筑，忽略了历史文化关系。许多像纽约宾夕法尼亚火车站(图 1-4)、巴黎中央大菜场(图 1-5)的历史建筑难逃被毁的命运。而勒·柯布西耶当年提出的"理想城市规划"则更是割裂了这种深层文化关联，只注重形式联系。他完全将建筑师看成英雄似的建筑创造者，却看不到在建筑形成过程之中，建筑文化所起到的隐形决定作用。由此带来的后果是很多有历史文化积淀的区域被全部推掉，亲切且人性化的建筑空间全部被消解。而价值分析通过深入分析建筑现状，将潜在价值，如历史价值直接体现出来，有效避免了建筑空间消解，为土木工程再生利用提供了依据。

图 1-4　纽约宾夕法尼亚火车站

图 1-5　巴黎中央大菜场

历史文化最本质的意义是人类的记忆，特别是时间久远的土木工程正是通过自身的特点述说着人类过去的记忆。保护这些文化遗产，可以为社会和人的发展提供一个良好的生存环境。联合国教科文组织在有关文件中提到："在生活条件加速变化的社会中，保护与建立一种与之相适应的生活环境，能够使人们接触到大自然和先辈遗留下来的文明见证，这对于人的平衡和发展是十分重要的。"建筑遗产可以提供或者参与营造一种宜人的生存和发展的历史文化环境。这对于生活在钢筋混凝土森林中的现代人来讲，意义非常重要。建筑遗产反映了历史上人类所处的生存状况，因此保护这些建筑遗产被认为是代表文明素质和综合水平的一项高尚事业。

诚然，当新的建筑文化元素介入时，旧的文化体系不可避免地要受到冲击，但这并不意味着我们就要对过去的文化全部否定，再去建立全新的文化体系，而应在尊重原有文化的基础上，以开放的姿态将新的元素纳入到自己的文化体系中，这样才与人们对于文化持续发展的心理需求相一致。建筑遗产反映了一定历史时期的城市风貌，蕴含着丰富的历史文化资源。历史价值较高的建筑可供考古、科研和教育开发，而更多历史价值一般的建筑，在当地居民心目中有着强烈的认同感，可以唤起人们对乡土历史文化的热爱，是宝贵的精神资源。

2) 有利于制定更加生态环保的再生方案

人类生存的环境在不断地变化着，在地球资源有限及不可再生的前提下，对于自然资源有效利用而言，土木工程再生利用显示出更大效益。从建筑的生产和解体两个环节上看，社会成本主要体现在资源消耗、环境污染等方面。土木工程若直接拆除，不仅难以利用其中的建筑资源，而且势必污染环境。同时，新建工程必然使用大量的能源。日本有关学者研究得出：在环境总体污染中，与建筑业有关的环境污染所占比例为34%，包括空气污染、水污染、固体垃圾污染(图1-6)、光污染、扬尘污染(图1-7)和电磁污染等。

图1-6　建筑垃圾问题突出　　　　　　　　　图1-7　扬尘污染问题突出

目前，人类在利用和改造自然的过程中，取得了骄人的成绩，同时也付出了惨痛代价。如今，生命支持资源(包括空气、水和土地)日益退化，环境祸患正在威胁人类。建筑业是个耗能大户，据统计，全球能量的50%消耗于建筑建造与使用过程。由于现代文明和现代建筑所携带的破坏性，再度关注生态环保的土木工程再生利用方案变得十分紧迫而艰巨，因为它教给今人更多的是人与人之间、人与地球之间的和谐关系。利用地域气候，通过再生设计改善建筑周围的小气候，实现自然通风与采光，减少机械通风与人工照明，这是最经济、最有效的设计思路。印度建筑师柯里亚的"形式服从气候"，就是这种朴素的生态思想。生态环保的土木工程再生方案，既可大量减少建筑垃圾，又可减少资源浪费，是建筑可持续发展的有效途径之一。

3) 有利于进一步延长土木工程使用寿命

延长寿命并非单纯关注建筑的结构和构件的耐久性，而是要建立面向未来的设计观。其主要原则是功能上的灵活多样。另外，建筑美学也需要格外关注。建筑形式的淘汰基本上是由城市规划决定的，因此，探索建筑美学上的可持续性，应当关注什么样的建筑能够适应城市发展，或者城市功能怎样才能长期保持多样化并得以持续发展。适应未来的土木工程再生利用最重要的是保证建筑与整体环境的关系相吻合。

建筑存量本身是一种不可再生的物质、文化和社会资源。延长建筑寿命，能够提高资源的使用效率。对土木工程的再生利用也可以视为一种资源再生利用的方式。建筑寿命的延长能够降低特定时间内的置换率，从而减少建设活动中消耗的自然资源及其引起的污染程度。

延长建筑寿命的原则是针对我国建筑的短寿现象提出的。从理论上讲，建筑寿命并非越长越好。例如，英国住宅建筑的平均寿命为133年，建筑的老化抑制了建筑技术变革，使节能技术和新的空间组织难以实施，从而降低了能源的使用效率。尽管我国在相当长的时期内不会面临存量老化的问题，但是通过再生利用提高既有建筑的节能性能已经成为一个重要的问题。此外，研究表明，对既有土木工程进行再生利用对降低建筑使用能耗有显著的效果。

根据相关模型研究结果，对既有土木工程进行有规律的维护和更新可以保持或提高建筑物理状况和使用价值，从而延长建筑寿命，起到降低资源消耗和节约长期成本的作用。但是，如果维修的频率超过一定限度，就会增加建筑生命周期的资源消耗和成本。采用耐用的材料和技术体系、合理的再生利用体系是降低维护成本的主要途径。

1.2　再生利用价值理论基础

1.2.1　可持续发展理论

1. "可持续发展"的理论内涵

可持续发展(sustainable development)的思想是在 1987 年以布伦特兰夫人为首，在世界环境与发展委员会提出的报告《我们共同的未来》中提出来的。其核心思想是：既满足当代人的需要，又不对后代人满足其需要的能力构成危害。其理念和宗旨是：为确保人类的持续生存与发展，必须把环境保护与社会经济、生活活动全面有机地结合起来，并按照生态持续性、经济持续性和社会持续性的基本原则来组织和规范人类的一切活动。此后，1992 年，在巴西里约热内卢举行的联合国环境与发展大会上，通过了《环境与发展宣言》以及《21 世纪议程》等关于可持续发展的纲领性文件。1997 年，在日本京都召开了《联合国气候变化框架公约》第三次缔约方大会，通过了《京都议定书》，旨在减少温室气体的排放。可持续发展观念已从理论走向实践。2002 年 8 月，在南非约翰内斯堡举行了可持续发展世界首脑会议，会议审视了全球在过去 10 年中可持续发展所走过的道路，并为今后发展增加了新的动力。可持续发展的内涵表现为以下三个原则。

(1) 公平性原则。公平性原则包括三层意思：一是当代人的公平，即同代人之间的横向公平，强调要满足全体人民的基本需求，给全体人民机会，以满足他们要求较高生活的愿望。二是代际公平，要认识到人类赖以生存的自然资源是有限的，本代人不能因为自己的发展与需求而损害人类世世代代满足需求的自然资源与环境，要给世世代代以公平利用自然资源的权利。三是公平分配有限资源，主要强调富国和穷国之间在利用地球资源上的公平性。

(2) 可持续性原则。可持续性是指生态系统受到某种干扰时能保持其生产率的能力。资源与环境是人类生存与发展的基础和条件，离开了资源与环境，人类的生存与发展就无从谈起，因此，资源的永续利用和生态系统可持续性的保持是人类持续发展的首要条件。可持续发展要求人们根据可持续性的条件调整自己的生活方式，在生态可能的范围内确定自己的消耗标准。该原则的核心是人类的经济和社会发展不能超越资源与环境的承载能力。

(3) 共同性原则。可持续发展战略就是要促进人类之间及人类与自然之间的和谐，因此，可持续发展作为全球发展的总目标，必须全球联合行动才能实现。

2. 可持续发展理论对土木工程再生利用的指导作用

1) 提出了土木工程的可持续发展要求

可持续发展理论提出了土木工程可持续发展的理念，客观上要求土木工程的发展从"粗放型"到"集约型"转变。可持续发展是指在一个特定的区域和自然空间内，以节约资源、提高技术、改善环境等为主要手段，推动经济增长、财富增值、社会进步，优化建筑结构、功能并使其与外部的资源、环境、信息、物流和谐一致。还包括在满足当前发展需求和正确评估建筑未来需求的基础上，满足建筑未来发展的需求。土木工程的可持续发展客观上要求发展的过程中应同时考虑环境的承载能力，以既有建筑当前环境指标及设计要求为依据，进行适宜性评价。土木工程生产建设活动应实现自然资源的低投入、高利用和废弃物的低排放，以消除环境与发展之间的矛盾。当前，传统建筑业在满足人类居住需求的同时，建筑垃圾对生态环境造成了严重影响，影响到人们居住的适宜性。因此，应转变建筑业的生产模式，把清洁生产和废弃物的利用融为一体，发展生态经济模式。图 1-8 和图 1-9 即为可持续发展理论在土木工程上的应用技术示例。

(a) 冬季热能传递方向示意图　　　　(b) 夏季热能传递方向示意图

图 1-8　建筑呼吸幕墙

2) 提出了维护土木工程的共同责任原则

可持续发展理论中的公平性原则和共同性原则提倡社会成员在建筑发展的过程中具有公平的发展权、公平的资源利用享受权，以及共同承担保护生态环境的责任、义务。因此，在建筑废物的回收和利用过程中，应进行全面综合的管理，需要公众、建筑垃圾生产者、资源化处置者、建筑垃圾主管部门等社会成员共同承担管理的责任与义务。在此过程中，人们应选择有利于资源节约和环境保护的生产方式和消费模式，发动人们坚持节约发展、清洁发展、安全发展，共同建设资源节约型和环境友好型城市。

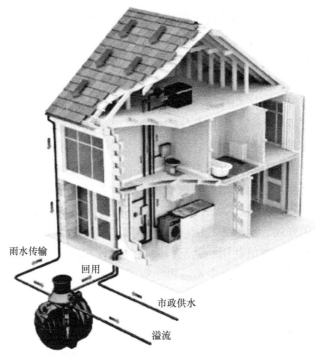

雨水传输

回用

市政供水

溢流

图 1-9　住宅雨水收集系统

1.2.2　循环经济理论

1. "循环经济"的理论内涵

1965 年，波尔丁提出"循环经济"。循环经济指通过对生产、使用过程中资源的有效循环利用，减少各种废弃物排放，把粗放式消耗利用转化为生态循环利用，从而实现经济、社会与环境的可持续发展。循环经济将传统模式下的"资源→产品→废弃物"的开环式经济转化体系转变为"资源→产品→废弃物→再生资源"的闭环式经济转化体系，将传统的思维模式、生产方式和处理途径做了改变，从而以可持续发展为前提逐步实现"零排放"或"微排放"的资源合理利用。

循环经济要求全社会重视资源、保护环境、实现资源再生利用。1987 年，联合国环境与发展委员会发表题为《我们共同的未来》的研究报告，正式提出了可持续发展的概念，可持续建筑、绿色化建筑由此发展起来。在可持续发展的思想指导下，未来建筑业会被要求按照无废弃物排放模式生产，要求对自然资源及生产消耗过程中产生的废弃物实现综合有效循环再生利用。建筑业发展过程中所有的材料被要求重复循环合理利用，以此降低经济行为对自然环境的负面影响和破坏，这也是可持续发展的最大难题——资源与环境保护的要求。循环经济遵循 3R 原则，即减量化(reducing)、再生利用(reusing)、再循环(recycling)原则。这一原则具有实际可操作性，把传统经济的"资源→产品→废弃物"的单向直线过程做了进一步循环利用，节省了资源，创造了财富，减少了废弃物的排放，对环境资源的破坏也减少了。循环经济的目的是以最小的资源消耗和环境成本，获得最大的经济效益和社会效益，从而使自然环境与社会可持续发展相结合，促进人类与自然环境和谐，实现资源可持续利用。

大幅度提高自然资源生产率是循环经济与传统经济的不同之处。在传统的模式中，经济发展的目标主要是提高劳动生产率和资本生产率，因此，科技和体制的重点是节约劳动和资本、大量地消耗资源和环境。而循环经济模式则与前者相反。经济发展的目标是大幅度提高自然资源生产率，科技和体制的重点是节约资源和环境成本，但要尽可能地利用劳动。对于废弃物的利用而言，关注的重点是降低环境成本和增加利用过程中劳动力所创造的附加价值。其实现方式主要有三点。其一，要减少废弃物利用对自然资源的消耗，即应实现废弃物就地利用或就近利用，减少长途运输、耗能等不经济的利用方式。其二，要追求产品本身的技术设计效率，应尽量通过设计的构思，为人们提供一种最为合适的废弃物利用方式。这种方式能够通过尽量多的人工附加服务及尽量少的资源和能源的损耗实现废弃物的增值利用。其三，要通过设计和施工控制来增加废弃物的再生利用率和再生利用频率，以此来减少不可再生资源的使用。

2. 循环经济理论对土木工程再生利用的指导作用

在利用废弃物思想的影响下，逐渐形成工艺利用和生态利用两种土木工程的再生利用思路。工艺利用思路是以工艺利用技术为手段，通过一整套较为合适的操控策略把废弃物作为生产新产品的材料、构件等使用。废弃物利用工艺技术的范畴很大，不仅把无害化处理技术和资源化技术纳入其中，还增加了关于"旧物翻新和重复使用"的循环利用技术。与废弃物再生利用有关的技术主要表现为构造技术和施工方法，以及与利用回收物资相关的建筑拆除、材料检测加工的技术方法，如图 1-10 和图 1-11 所示。生态利用思路是把废弃物中的生物养分嵌入自然界的生物循环之中，通过动物、植物，以及土壤中微生物的代谢循环将废弃物分解成无害的、能对生态环境的营建起到促进作用的物质。生态利用思路从无害化处理技术和废弃物资源化技术中获取了相当大的技术支持，在环境生态学的发展带动下，成为近年来发展较快的废弃物利用与处理方式。从循环经济的视角来看，环境与发展协调的最高目标是实现从利用废弃物到减少废弃物产生(通过减量化与再使用)的转变，这需要土木工程的运营模式既可保持经济增值运行，又能保护资源。人们既可以享受经济增长带来的实惠，又不必担心环境继续恶化和资源枯竭。利用废弃物的思想为土木工程再生利用提供了新的思路，人们也由此开始研究通过再生利用的方式来减少废弃物产生的方法与技术。

然而，在土木工程中，实现循环经济的运营模式还有相当大的难度。其一，建筑业使用的材料大都为资源丰富、获取方便、价格很低的原料，利用废弃物并不见得比使用新材料便宜，通过这种方式提高自然生产率比较困难。其二，基于建筑构件拆除回收利用的设计必然增加再生成本，而承担再生成本的业主大都不会成为拆除物资利用的受益者，要实现"资源→产品→废弃物→再生资源"的反馈式流程也比较困难。其三，重新使用回收物资与建材生产厂家的利益不符，因为只有通过不断生产、销售新的建材产品才能使建材企业不断获得商业利益，因而没有建材生产厂家愿意把建材设计成能够回收利用的形式。

图 1-10　金属无害化处理技术　　　　　　　　图 1-11　再生降噪砖

1.2.3　价值工程理论

1. "价值工程"的理论内涵

价值工程是一门新兴的科学管理技术，是降低成本、提高经济效益的一种有效方法。它于 20 世纪 40 年代起源于美国。第二次世界大战结束前不久，美国的军事工业发展很快，造成原材料供应紧缺，一些重要的材料很难买到。当时，美国通用电气公司有一名叫麦尔斯的工程师，他的任务是为该公司寻找和取得军工生产用材料。麦尔斯研究发现，采购某种材料的目的并不在于该材料本身，而在于材料的功能。在一定条件下，虽然买不到某一种指定的材料，但可以找到具有同样功能的材料来代替，仍然可以满足其使用效果。一次，该公司汽车装配厂急需一种耐火材料——石棉板，当时，这种材料价格很高且稀缺。他想：只要材料的功能(作用)一样，能不能用一种价格较低的材料代替呢？

他开始考虑为什么要用石棉板，其作用是什么。经过调查，原来汽车装配中的涂料容易漏洒在地板上，根据美国《消防法》的规定，该类企业作业时地板上必须铺上一层石棉板，以防火灾。麦尔斯弄清这种材料的作用后，找到了一种价格便宜且能满足防火要求的防火纸来代替石棉板。经过试用和检验，美国消防部门通过了这种材料的审批。这就是价值工程史上有名的"石棉事件"。

麦尔斯从研究代用材料开始，逐渐摸索出一套特殊的工作方法，把技术设计和经济分析结合起来考虑问题，用技术与经济价值统一对比的标准衡量问题，又进一步把这种分析思想和方法推广到研究产品开发、设计、制造及经营管理等方面，逐渐总结出一套比较系统和科学的方法。1947 年，麦尔斯以"价值分析程序"为题发表了研究成果，这标志着价值工程正式产生。1961 年，麦尔斯系统化整理成果后出版了专著《价值分析与工程技术》(*Techniques of Value Analysis and Engineering*)，如图 1-12 所示。

价值工程首先在美国得到广泛重视和推广。由于麦尔斯"价值分析程序"的传播，1955 年价值工程传入日本后，人们把价值工程与全面质量管理结合起来，形成具有日本特色的管理方法，并取得了极大成功。我国是从 20 世纪 70 年代末开始运用价值工程的。1984 年，国家经济贸易委员会将价值工程作为 18 种现代化管理方法之一进行推广。1987

年，国家标准局发布了第一个价值工程标准《价值工程基本术语和一般工作程序》，如图 1-13 所示。价值可以表示为

价值=功能/成本

图 1-12　麦尔斯的专著《价值分析与工程技术》　　图 1-13　《价值工程基本术语和一般工作程序》

(1) 功能。功能指分析对象的用途、功效或作用，它是产品的某种属性，是产品对于人们的某种需要的满足能力和程度。产品或零件的功能通过设计技术和生产技术得以实现，并凝聚了设计与生产技术的先进性和合理性。

(2) 成本。成本指实现分析对象功能所需要的费用，是在满足功能要求条件下的制造生产技术和维持使用技术(这里的技术是指广义的技术，包括工具、材料和技能等)的耗费支出。

(3) 价值。价值工程中"价值"一词的含义不同于经济学中价值的概念，它的意思类似于生活中常说的"合算不合算"和"值不值"。

2. 价值工程理论对土木工程再生利用的指导作用

目前，价值工程在土木工程中的应用还处于比较初级的阶段。但从世界范围来看，建筑业一直是价值工程实践的热点领域，究其原因是它能适应建筑业发展的自身需求，在降低工程成本、保证业主投资效益方面具有显著的功效。美国建筑业应用价值工程的统计结果表明：一般情况下，应用价值工程可以降低整个建设项目初始投资的 5%～10%，同时可以降低项目建成后运行费用的 5%～10%。而在某些情况下，这一节约的比例更是可以高达 35%以上。而整个价值工程研究的投入经费仅为项目建设成本的 0.1%～0.9%。因此，将其推广至土木工程再生利用的价值分析过程中，将有利于推动价值工程在我国建筑业中的发展和应用，不仅可以获得良好的经济效益，而且可以提高我国建筑业的整体管理水平。

价值工程在土木工程再生利用中起到十分广泛的作用，不仅能用于改进再生利用效

果，降低再生利用成本，还可以用于改进设备、工具、作业、库存和管理等，它的作用具体表现在以下几个方面。

(1) 可以有效地提高经济效益。价值工程以功能分析为主，通过功能分析，保证必要的功能，剔除不必要的功能、重复的功能及无用的功能，从而可以减少不必要的成本支出，降低土木工程再生利用成本，提高经济效益。

(2) 可以延长建筑使用寿命。建筑的使用寿命是指从设计建造到最终被淘汰为止所持续的时间。它有一个从诞生、成长、成熟到衰亡的过程。要维持和延长建筑使用寿命，再生建筑功能是十分重要的。通过开展价值工程，改进建筑规划和布局，改善建筑功能，可以延长建筑使用寿命。

(3) 有利于提高建筑企业管理水平。价值工程活动涉及范围广，贯穿建筑企业生产的各个环节。通过开展价值工程活动，可对建筑企业各方面的管理工作起到一个推动作用，促进建筑企业管理水平的提高。

(4) 有利于推动技术与经济的结合。技术与经济是既有区别又有联系的统一体，但在实际中，许多建筑企业往往将两者隔离开。价值工程强调要对土木工程再生利用的技术方案进行经济效益评价，既考虑了技术上的先进性和可行性，又考虑了经济上的合理性和现实性，从而完美地将技术与经济结合在一起。

1.3　再生利用价值构成分析

1.3.1　再生利用价值要素

1. 空间安全

我国自从改革开放以来，建筑行业的发展产生了质的飞跃，大批土木工程开始在全国范围内建设。截至 2012 年，我国既有房屋的建筑面积高达 430 亿 m²，每年的房屋建筑面积仍以 20 亿～40 亿 m² 迅速增长，年增长率在 10%左右。而再生利用的土木工程往往建于 20 世纪 50 年代及以前，使用年限接近或超过 50 年，已经趋于老化，其结构体系恶化严重，存在重大防震防风隐患。此外，改革开放初期，国家对土木工程施工没有明确的规定，直接导致当时的建筑标准普遍较低，建筑结构的功能不足。且 20 世纪 90 年代初，建筑材料的质量和施工质量也存在较多安全隐患。为了延长土木工程的使用寿命，实现节能减排，需要对土木工程进行加固改造，提高空间安全是保证土木工程继续发挥有用性的关键。

2. 投资价值

从市场投资的角度来看，土木工程再生利用主要是以刺激经济复兴、增加投资和就业机会、改善土木工程既有环境为主要目标。在大部分情况下，再生利用项目大都比新建项目投资低。此类项目投资多以私人开发商为主并以市场经济为导向。同时，在项目实施的过程中需要政府提供相关政策上的指导，对周边环境的基础设施进行相应的投资。

通过政府与私人企业之间的配合，发挥经济优势，调动市场的积极性，从而改变既有土木工程的面貌。用新功能带动整体投资的发展，实现既有土木工程的高效再生。

3. 文化价值

文化反映了一定时期社会、政治、经济，以及军事等的发展状态。在土木工程不受到破坏的前提下，通过市场运作的方式，对其完成活态保护及潜能开发，最终实现文化保护和经济开发的良性循环运作。这样的开发也为其他产业，如音乐、旅游、服饰、电影等提供了资源。由于土木工程在种类、历史、艺术(审美)、科技、思想等方面存在差异，其文化价值具有较大的差异。文化价值可以丰富人们的精神文化生活，使人们得以提高文化素养，故随着人们对精神文化生活的需求日益增长，对土木工程文化价值的挖掘显得更加重要，如图 1-14 和图 1-15 所示。

图 1-14　南京晨光 1865 创意产业园

图 1-15　北京 798 艺术区

4. 生态价值

通过再生利用，减少了简单拆除所附带的经济损失和资源浪费，也保护并改善了地区的生态环境。重塑土木工程周边环境，以可持续性发展的理念为先导，将很多废弃物进行合理利用，这样做避免了大量固体垃圾的产生。在很多土木工程拆除的过程中，形成了大量的废弃物，这些废弃物主要由渣土、混凝土、金属碎块、散落的砂砾和大量废旧的装饰材料组成。废弃物使城市的路面、大气环境、水体和土壤都受到不同程度的侵害，成为城市污染的主要因素。对这些建筑垃圾和废弃设备的处理也需要耗费很大的人力与财力。当今社会，倡导物质的循环再利用，打造资源节约型社会，对城市环境的资源保护和物质的循环利用都是改善生态环境的重要手段。

5. 社会价值

土木工程的最大特征是能体现一定时期的文化变迁和精神特质。土木工程的实体是文化价值的精神依托。无论建筑或是景观，无论工具或是机器，都体现着当时的审美和工艺，给人们在有限的社会空间里带来美的享受，具有极高的艺术水平和审美价值。此外，既有土木工程中保留着的施工技术、过程等，均含有相当程度的科学因素和成分，可以提供较高的社会学术价值。而土木工程本身对社会也会产生影响，包括物质上的和精神上的影响。从物质层面上讲，既有土木工程具有的科学价值可以提升地方形象。从精神层面上讲，既有土木工程不仅影响我们的精神世界，也影响我们的社会行为。特别是大型、巨型土木工程，在当时为地区地标性建筑，它已经成为社会群体心理的组成要素，从而提高了人们对国家的归属感和对各民族的认同感。

1.3.2 再生利用价值内涵

1. 再生利用价值特征

土木工程再生利用价值指的是既有土木工程再生利用过程中所表现出的有用性，包括对安全、投资、文化、生态和社会等可能起到的推动作用。而这种价值可以包括文化价值(历史价值、美学价值、社会学或人类学价值、精神价值和符号价值等)和经济价值。从系统理论观点出发，该价值体系由本底价值、直接应用价值和间接衍生价值构成。根据边际效用价值论和价值在使用中的地位，可以将价值分为使用价值和非使用价值两大类。在此基础上，本书把再生利用价值分为有形价值和无形价值，也可以说是显性价值和隐性价值，进一步可分为空间安全、投资价值、文化价值、生态价值和社会价值的组合，如图 1-16 所示。

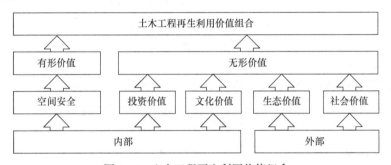

图 1-16 土木工程再生利用价值组合

在价值特征方面，土木工程再生利用价值一般具有客观性、多变性和适应性等特征。此外，土木工程再生利用价值特征多样与土木工程自身类型多样相匹配。工程种类较多，且不同工程之间的特征也有较大差异，因此导致再生利用价值特征随着土木工程的种类而变化。例如，古建筑更强调其自身的文化价值，相比较而言，桥梁工程更加重视空间安全。

2. 再生利用价值影响因素

从土木工程再生利用价值组合上看，其实际的再生利用过程会涉及很多项目，而不同的项目均会对再生利用价值产生影响。土木工程再生利用价值影响因素的选择立足于各工程的具体特点，在工程特点和可能的影响因素的基础上细化各项指标，其目的是更完整地描述土木工程在每一维度上的价值内涵，更深入地挖掘土木工程的价值特性。完善的再生利用价值的影响因素体系，有利于提高价值分析的全面性。引申的指标体系也可提高价值评定的可靠性。常见的影响因素如图 1-17 所示。

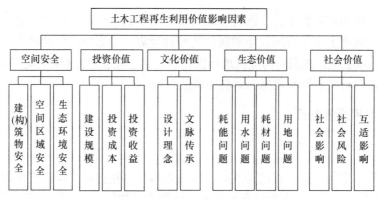

图 1-17 土木工程再生利用价值影响因素

3. 再生利用价值定量评定

在进行再生利用工作时，不可能将所有的既有土木工程作为再生利用的对象。如果将所有的既有对象都保护起来，该拆的不拆，会导致再生利用的价值得不到应有的体现。另外，我们也不能由于操作不当和调研工作不到位而忽视了有价值的土木工程，不能在城市经济利益的指导下，纯粹追寻利益最大化，而盲目拆迁。再生利用时，首先要选择有价值的土木工程。发现有价值的土木工程，排除没有价值的土木工程，既能延续城市的建筑文化，又能腾出用地，为城市发展做出贡献。所以，定量衡量和评判土木工程再生利用价值就变得异常重要。

以工业建筑再生利用为例，《下塔吉尔宪章》中将价值认定为历史、技术、社会、建筑或科学价值；英国学者将价值认定为历史价值、艺术价值、科学价值、代表性、完整性等；我国 2006 年提出的《无锡建议》认为价值包括历史价值、社会价值、建筑价值、科技价值、审美价值。更多的对工业建筑再生利用价值的研究中，对工业建筑再生利用价值都进行了概括化的论述，但缺乏具体的评价标准。例如，在对历史价值的评价中指出，历史价值是指历史悠久或与重要的历史或事件相关联，多久之前才能判断是历史悠久，或者什么是重要的历史或事件，阐述较模糊。这种评判标准，对于专业人员来讲尚且要投入较多的主观思想，对于非专业人员来讲，如一般的调研人员，则更显力不能及。所以，量化价值评定标准，并将其细化，从而应用于土木工程再生利用实际中是非常有必要的。

1.3.3 再生利用价值表现

1. 提高土木工程自身安全性

既有土木工程大多保温隔热性能差，技术设备落后，在冬季采暖和夏季空调降温季节能源浪费严重，浪费空间。对于遭到严重破坏的建筑遗产，往往需要在遗址上重建，尽量恢复其原貌。这种建设性的破坏，已经威胁到城市形态的相容性和延续性。同时，随着时代的发展，很多具有重大历史意义的老旧工程由于年代久远，本身已经无法承受风雨的侵蚀。而老旧工程重建则会破坏其珍贵的历史文化原貌，所以在老旧工程原址进行再生利用，既保留了工程自身，也坚固了工程本身，延长了工程寿命。对于一般意义的土木工程，在不破坏城市文脉和环境肌理的条件下进行再生利用，可以有效地完善城市区域的安全功能，提高城市区域的安全发展水平。

2. 保护既有土木工程，传承历史情感

人类不仅要认识自然力量，而且要不断地认识自己的本质力量，并把这种本质力量对象化，实现自身的价值。那么，人类是如何认识和实现自己的呢？实践是人类认识和实现自己的根本途径，人类也借助于"物"来认识和实现自己。因为被实践造就的事物体现了人类的本质力量。黑格尔说："人有一种冲动，要在直接呈现于他面前的外在物中实现自己。而且就在这种实践过程中认识自己。人通过改变外在实物来达到这个目的，并在上面刻下自己内心生活的烙印，而且发现自己的性格在外在事物中复现了。"既有土木工程，特别是建筑遗产，便是这种具有生命力的产物，它凝结着人类巨大的智慧与力量。马克思曾说："人们自己创造自己的历史，但他们并不是随心所欲地创造，不是在他们选定的条件下创造，而是在直接碰到的、从过去承继下来的条件下创造。"

有的土木工程再生利用来源于人类对前人劳动成果的依恋、爱慕和欣赏，其本质是人类对自身的保护、爱慕与欣赏。表面上，人们保护的是各种不同的"物"，其实他们是通过保护"物"来保护自己。"物"不过是人类行为的一个载体而已。土木工程再生利用的实质，是人类通过自己的劳动产物来传承历史，保护自己，即传承人类的需求和目的、智慧和力量、情感和观念。可以说，土木工程再生利用能满足人类的自我肯定、自我欣赏、自我发展和自我实现的内在需要，它是处理人类与自身关系的自我实践活动的一种特殊形式。

土木工程再生利用的目的就是探寻先人留下的历史足迹，继承建筑实体或文化财富，创造民族新文化。万斌曾在《历史哲学纲要》中提到，"历史，是人的生命本质在无限时空中的拓展和延伸；历史，是人的经验、智慧在时代接力中累积而成的文明大厦；历史，是人对自身的不断反思、继承和超越。"

印度文学家泰戈尔也说过："什么都可以买来，唯独历史是买不来的。"任何一个民族、任何一种文化都有自己的历史文化遗产。具有稳定性历史传承的历史文化遗产，是一种文化成熟的标志，也是一个民族文化特征的表现。丧失了自己的历史文化遗产，也就丧失了一种文化发展的连续性，就不能更好地进行文化创新。一个没有历史文化遗产和遗产意识的民族，在社会发展中最终会迷失方向，迷失自我。

历史与现实既有冲突又有统一。历史是指自然界和社会的发展过程，即自然界和社会已经发生而客观存在的事实。现实是现今具有内在根据、合乎必然性的存在，是客观事物和种种联系的综合。历史和现实的联系是不能割裂的，因此，在对待既有土木工程的问题上，我们也需要培养历史文化遗产意识。历史文化遗产意识的确立，无论对个人还是社会，无论对国家、民族还是全人类，都是十分重要的。

3. 显著的经济、环境及社会效益

1) 经济效益

一般情况下，对土木工程进行再生利用比完全拆除新建要省时得多。A. Johnson 经过研究指出，就房屋建筑而言，以相同的建筑面积计算，建筑再生利用的耗时普遍占拆除新建耗时的 1/2～3/4。较短的建设周期在建筑经济方面往往意味着较低的财务成本、较好的现金流及较短的回报周期。除了省时的优势，再生利用在建造成本上也具有优势，因为原先建筑的相当部分的建筑主体及材料仍未达到其物理寿命，尚具有继续完成其性能的可能性，并且，经检测后只要不存在耗资巨大的复杂问题，那么重复利用现成的主体结构和材料显然可以节省一笔非常可观的投入，如图 1-18 和图 1-19 所示。

图 1-18　由水塔再生的 Jaegersborg 水塔公寓　　　图 1-19　再生利用的高架桥拱门

2) 环境效益

土木工程再生利用时的物质循环利用、结构元件的重复使用，以及建设垃圾的减少等均是其产生环境效益的根源。这些因素对于项目业主来说，意味着建造成本的降低，然而其更大的意义体现在环境资源的可持续性利用上。很多遗产类土木工程在当初建造时，技术手段还不及今日发达，并且对人工建成环境的依赖度也不及当前，这就使得当时设计建造时更多地考虑了自然采光、通风等被动绿色手段。将这样的建筑保留下来，也符合低碳、低能耗的发展趋势。同时，对其进行保留再生也意味着对原来环境及基础设施的选择性保留，如通信、水电、煤气、污水、排水等管道设施在现状良好的情况下也随土木工程一起保留下来。进行适当再生来满足新的功能需求，也在一定程度上减缓了城市基础设施盲目建设的弊病。

3) 社会效益

土木工程再生利用的社会效益，有时可以通过自身的多元价值来体现。

其一，有些工程本身的风格、样式、材料、结构或特殊构造具有较强的地域特征及代表性，或是这些工程及其所在的地段本身具有历史地标价值和社会文化意义，它们往往见证了一个城市乃至一个地区和国家的历史发展进程。对这些具有社会典型意义的遗产类工程进行适当的保护与再生利用，能较好地延续地域文脉，传承社会文化，产生可观的社会效益。

其二，在经济结构后工业化的今天，出现了一批社会的"新生代"，他们偏爱市中心地区具有历史文脉的建筑环境和文化氛围，土木工程再生利用正迎合了这些具有先锋观念人士的生活方式。随着社会的进步与公众思想观念的提升，土木工程再生利用的效果和价值日益得到人们的认可。再生后的土木工程在这一层面上其实也是传达社会审美、引导生活方式的良好媒介。

其三，通过改造再生利用来减少闲置及废弃的情况，能很好地激发场所活力，提升用户的生活环境品质，减少不良及犯罪行为的发生，有助于社会的稳定。

另外，再生利用相对新建来说，还可以创造更多的就业机会。根据 Tully 的研究，每单位面积的再生利用所创造的就业机会要比新建所创造的就业机会多出 25%，这主要是因为再生利用中多以劳动密集型作业为主，而新建工程则已实现相当程度的机械化作业。

因此，适应性再生利用在以上多个方面均体现出可观的社会效益。

思　考　题

1-1. 再生利用理念下的土木工程全寿命周期包括哪些阶段？

1-2. 请简述土木工程再生利用价值的含义。

1-3. 土木工程再生利用价值分析的意义主要体现在哪些方面？

1-4. 简述可持续发展理论及其对土木工程再生利用的指导作用。

1-5. 简述循环经济理论及其对土木工程再生利用的指导作用。

1-6. 简述价值工程理论及其对土木工程再生利用的指导作用。

1-7. 土木工程再生利用价值的构成要素包括哪些方面？

1-8. 影响土木工程再生利用价值的主要因素有哪些？

1-9. 土木工程再生利用价值表现在哪些方面？

1-10. 请结合实际，谈谈你对土木工程再生利用价值分析的理解。

参考答案

第2章 土木工程再生利用空间安全分析

2.1 空间安全认知基础

2.1.1 空间安全的内涵

1. 空间安全

空间安全通常是指土木工程在其全寿命周期所面临的自然的、非蓄意的威胁(如地震、飓风、洪水和突发的一些灾难),有意的人为威胁(如犯罪、恐怖行动和其他危害建筑及其使用者的恶意行为),以及日常使用过程中的自然劣化因素或其他环境因素的影响下,其建筑布置、建筑结构、建筑部件、建筑设备及其部件具有保障相关人员安全和财产安全的能力。

2. 土木工程再生利用空间安全

土木工程作为艺术品,不仅不是单一的形式,更是作为民族文化的体现和时代精神的镜子,能以直观形象的方式反映出一定的社会意识形态和深刻的历史文化内涵。同时,土木工程所营造的环境,还是一定人格化的体现。只有在保证空间安全的前提下,才能安心享受土木工程带给我们的使用价值,也只有在保证空间安全的条件下,才可以让土木工程中蕴含的建筑文化以及历史文化得以传承。所以,保障土木工程的空间安全刻不容缓,意义非凡。

随着既有土木工程再生利用项目的逐渐增多,人们发现原有理论越来越难以解决具体实践的问题,如何处理好历史、现实、形式、材料,以及时代性的问题越来越突出。面对这一困境,古斯塔夫·乔瓦诺依(Gustavo Giovannoni)在20世纪30年代提出了"科学性修复"。他认为再生利用不应仅仅局限于建筑的本体,也不应局限于它的史料价值和原真性上,再生利用应该是一个现代概念,应在当代社会中体现建筑的历史价值。乔瓦诺依将再生利用分为四类:一是加固性再生,就是使建筑现状更加坚固安全;二是组合性再生,即维持原有结构与材料的特性,按历史发展的层次中最合理的形式进行再生;三是离解性再生,即剥除原来虚伪的装饰和毫无意义的附加物;四是创造性再生,指基于谨慎考证和系统研究后的集体增补创造,以求完善土木工程再生利用的生命形式和质量。其中,加固性再生是最重要的再生类别,也是保障实现其他价值的基础。综上,土木工程再生利用空间安全指的是土木工程本身及其所处空间环境满足安全共生和使用功能,不因不利因素而损坏的状态。

2.1.2　空间安全的特征

1. 覆盖面广

空间安全不仅包含既有土木工程单体的空间安全，也包含群体的空间安全。土木工程自身覆盖类型较多，不仅包含新建建筑，也包含老旧建筑及道桥，如图 2-1 和图 2-2 所示。其中生态环境、空间区域安全等都在空间安全所辐射的范围以内。生态环境安全方面主要是工业建筑对水、土、气等产生的污染以及影响；空间区域安全方面还包括对老旧城区、历史街区等的区域改造与空间再生，如图 2-3 和图 2-4 所示。

图 2-1　港珠澳大桥　　　　　　　　　图 2-2　铁路隧道

图 2-3　工业废气　　　　　　　　　　图 2-4　历史街区

2. 再生运营维护要求高

建筑使用周期内，运营维护要求主要包括管理、技术两个方面。管理方面是在建筑投入使用后采用先进的管理方式降低人员、物质成本，此类措施基本是被动式的执行方式，即在建筑交付使用后采取措施。而技术方面涉及的措施更为广泛，在项目策划、设计、使用阶段均可采用不同的技术措施保证建筑的正常使用。特别需要指出的是，本书讨论的是土木工程再生利用时的价值，是在建筑已经成型甚至使用一段时间后，这个阶段的运营维护要求比新建建筑的运营维护要求更高，维护的难度也更大。此阶段应积极采用合理有效的运营维护措施，这对保护土木工程起着至关重要的作用，否则会造成严重的后果。意大利热那亚莫兰迪公路桥因养护维修不及时，导致突然垮塌，造成了人员伤亡以及巨大的经济损失，如图 2-5 所示。内蒙古武安州千年古白塔因修缮滞后而岌岌可危，面临即将倒塌的危险，如图 2-6 所示。

图 2-5　热那亚莫兰迪公路桥垮塌

图 2-6　内蒙古武安州古白塔现状

3. 安全隐患多

再生利用的土木工程往往年代久远，容易损坏，并且存在的已发现或尚未发现的安全隐患较多。以下是常见的几种损坏类型。

1) 木结构损伤

中国古建筑以木结构为主，它们因具有独特的受力性能，历经风雨，保存至今，如建于唐代的五台山佛光寺、建于辽代的山西应县佛宫寺释迦塔。然而，由于自然环境的影响，以及木结构本身材料的腐朽老化，再加上修缮工作不及时，许多木结构的承载力和稳定性不断下降，甚至处于体系破坏、结构坍塌的危险境地，见表 2-1。

表 2-1　木结构损伤类型分析

损伤类型	可能发生原因	加固方法
开裂	木材在加工过程中水分没有完全蒸发，木材表层和内部干燥速率不同，导致木纤维内外收缩不一致，从而产生裂缝；木结构在使用过程中，由于长时间受荷，加之木材老化，其抗拉、抗压、抗弯、抗剪性能下降，从而在外力下产生裂缝	①落架大修，即全部或局部拆落木构架，对残损构件或残损点逐个进行修整、更换残损严重的构件，再重新安装，并在安装时进行整体加固；②打牮拨正，即在不拆落木构架的情况下，使倾斜、扭转、拔榫的构建复位，再进行整体加固。对个别残损严重的梁枋、斗栱、柱等应同时进行更换或者采取其他修补加固措施；③修整加固，即在不揭除瓦顶和不拆动构架的情况下，直接对木构架进行整体加固；④木结构构件的加固方法：嵌补加固法、墩接加固法、化学加固法、FRP 加固法
腐朽	木材的主要成分为纤维素、半纤维素多糖和木质素等，当木材长期处于潮湿环境时，会滋生真菌并使其繁殖，从而导致木材腐朽，遭受彻底破坏	
变形	木结构在荷载作用下会产生变形，但由于木材老化，承载力下降，或者结构负荷过重，可能导致变形超过规范允许值	
拔榫	在长期受荷情况下，加上木材自身的收缩等因素，卯榫节点容易松动，发生拔榫现象	
虫蛀	侵蚀木材的主要对象是白蚁，白蚁喜阴，多数分布于南方，所以南方木结构易遭虫蛀，北方相对较少	

2) 砖混结构损伤

砖混结构在我国的应用历史悠久，是目前应用量最大的结构类型之一。砖混结构的优点很多，如易于就地取材、价格便宜、施工方便，有很好的耐火性和较好的耐久性，保温、隔热性能都比较好。但它也存在一些不足之处，如砖混结构的强度低，砂浆和砌块强度差异大，施工质量、砌筑工人技术水平对砌体结构的强度影响较大，见表 2-2。

表 2-2　砖混结构损伤类型分析

损伤类型	可能发生原因	加固方法
裂缝	荷载作用。砖混结构中的墙体在大偏心受压时，出现水平方向的裂缝	裂缝处理：①填缝密封修补法，通常用于墙体外观维修和裂缝较浅的场合，常用的材料有泥砂浆、聚合水泥砂浆等；②配筋填缝密封修补法，用于裂缝较宽时，即在与裂缝相交的灰缝中嵌入细钢筋，然后用水泥砂浆填缝；③灌浆补强法，裂缝较细，裂缝数量较多，发展已基本稳定时可采用 砖墙加固方法：①扶壁柱法，根据使用材料的不同分为砖扶壁柱加固法和混凝土扶壁柱加固法；②钢筋网水泥砂浆法 砖柱加固方法：①侧面外加混凝土加固，当砖柱承受较大的弯矩时，常常采用仅在受压面增设混凝土层或者在双面增设混凝土的方法；②四周外包混凝土加固，对于轴心受压砖柱以及小偏心受压砖柱，其承载力提高效果显著
	施工质量不佳。砖墙组砌不合理、砌体墙上留脚手眼的位置不当、砖砌筑前未充分浇水、砖砌筑时灰缝的砂浆不饱满、为节约材料大量使用断砖，容易出现重缝、通缝	
	建筑构造不良。砌体结构中的圈梁不闭合，构造柱数量不足，变形缝设置不当，砖墙就可能出现局部裂缝	
	温度变化	
	地基的不均匀沉降。其主要的影响因素有：场地的工程地质条件、基础结构、上部结构的体型、材料质量及施工质量等。地基的不均匀沉降引起的主要裂缝有三种：斜裂缝、竖向裂缝、窗间墙和底层墙上的水平裂缝	
	相邻建筑的影响	
变形	横墙侧向刚度不足造成的倾斜。砖混结构中的横墙高度大于宽度或者横墙上开洞过多、砌体在水平荷载作用下的侧移超过规定的允许值	
	施工不良造成的倾斜。砖的组砌方法不合理、砌筑砂浆的质量不佳、未按规定进行施工操作	
	地基不均匀沉降造成的倾斜。场地的地质条件不均匀、结构所受的荷载不均匀	

3) 混凝土结构损伤

在设计、施工和使用过程中，由于种种原因，混凝土结构会产生各种质量问题。对于旧建筑物，随着使用年限的增长，结构构件日趋老化。再加上使用、维护不当，原有的各种缺陷和隐患会暴露得更明显。有些旧建筑物，原先在浇筑混凝土时掺入了对钢筋有害的外加剂，外加剂在钢筋混凝土中缓慢地产生各种化学和物理的变化，造成钢筋锈蚀、混凝土损坏。在工业建(构)筑物的混凝土结构中，由于常年受到各种有害气体或多种腐蚀介质的侵蚀，混凝土结构或构件会受到损害。工业建筑中生产工艺的改变、荷载的增加，民用建筑用途的变更，都可能会使原结构受到损伤，见表 2-3。

表 2-3 混凝土结构损伤类型分析

损伤类型	可能发生原因	加固方法
混凝土中钢筋的锈蚀	使用时间久,有害介质侵蚀,钢筋锈蚀膨胀引起混凝土保护层膨胀、脱落,钢筋进一步锈蚀	①增大截面加固法,用同种材料加大构件面积,提高承载力;②外粘型钢加固法,在混凝土构件四周包以型钢,有干式和湿式两种做法;③预应力加固法,采用外加预应力的钢拉杆或撑杆,使加固与卸载合二为一;④粘贴钢板加固法,在混凝土结构表面用结构胶粘贴钢板;⑤植筋技术,在已有机构上植入锚固钢筋;⑥增设支点加固法;⑦裂缝修复法
裂缝、结构破坏	①混凝土碳化破坏,混凝土工作的环境中或介质中的 CO_2、HCl、SO_2、Cl_2 等进入混凝土表面与水泥中的碱性物质发生反应从而使 pH 降低;②温度变化、结构基础不均匀沉陷、荷载作用	
混凝土开裂和强度降低、结构破坏	混凝土碱料反应,指混凝土中水泥、外加剂、掺合料和拌和水中的可溶性碱(钾、钠)溶于混凝土孔隙液中,与集料中能与碱反应的活性成分在混凝土硬化后逐渐发生的一种化学反应,反应生成物(胶凝物)吸水膨胀,在混凝土内部产生应力	
表面剥蚀、冻胀开裂	混凝土冻融破坏,指混凝土在饱水状态下因冻融循环产生的破坏作用,主要影响因素是混凝土毛细孔中的自由水,当自由水遇冷结冰时会发生体积膨胀	

4) 钢结构损伤

钢结构是指钢板和热轧、冷弯或焊接型材通过连接件连接而成的能承受和传递荷载的结构形式。与混凝土结构相比,钢结构具有自重轻、强度高、塑性及韧性好、抗震性能好、工业化装配程度高、可靠性高、投资回收快和环境污染小等优点。然而,在钢结构应用发展的同时,国内外都曾发生过许多钢结构工程事故,特别是一些重大钢结构工程事故。钢结构破坏主要集中在稳定性破坏、疲劳破坏、脆性断裂破坏和腐蚀破坏等四个方面,见表 2-4。

表 2-4 钢结构损伤类型分析

损伤类型	可能发生原因	加固方法
稳定性破坏	引起钢结构整体失稳的主要原因有设计错误、制作缺陷、临时支撑不足、维护使用不当。引起钢结构局部失稳的主要原因有设计错误、构造不当、构件原始缺陷、吊点位置不合理	①改变结构计算图形加固法,即改变结构或构件的计算简图,在荷载基本不变的前提下,使结构或构件内力发生变化,从而提高结构可靠度的方法,如钢柱加固、钢梁加固、屋盖加固、桁架加固;②加大构件截面加固法,即采用增大结构和构件的截面几何参数,以恢复其承载能力而满足正常使用要求的方法;③连接和节点加固法,焊接、普通螺栓和高强螺栓等连接方法;④构件锈蚀处理法,漆膜处理、表面处理、涂层处理
疲劳破坏	应力集中、应力大、腐蚀性介质	
脆性断裂破坏	低温和动荷载、应力集中、材质缺陷、钢板厚度小、应力腐蚀、氢脆	
腐蚀破坏	化学腐蚀、电化学腐蚀	

2.1.3 空间安全的瓶颈

影响土木工程再生利用空间安全的因素有很多。一方面,这些建筑或长或短地都已经被使用过一段时间,一定程度上存在一些损耗,不可避免地对其空间安全有影响;另一方面,土木工程周围的自然环境以及人为破坏因素都使得该建筑的安全度降低。二者的主要表现有以下几点。

1) 空间格局混乱

再生利用的土木工程空间格局较为混乱，以下仅以老旧城区为例简要说明问题。我国大多数的城墙在中华人民共和国成立初期被拆除，由于交通工具的革新，老旧城区内部原有街道尺寸多次被拓宽，形成了公共空间、新建居民楼包围传统民居的格局。老旧城区内公共活动场所的亲切感、凝聚力基本消失，老旧城区低层建筑和高密度的空间格局受到严重破坏，如图 2-7 和图 2-8 所示。

　　图 2-7　空间格局混乱　　　　　　　　图 2-8　高密度的空间格局

2) 交通问题频发

由于交通方式的改革，我国的主要道路都经过了大规模的改造，但因历史交通工具的合适尺度所造就的历史街巷宽度、建筑体量等，交通仍然拥挤混乱。大量出入的人流、车流直接混入城市交通，人行、车行交通方式混杂，缺乏统一的控制规划，如图 2-9 和图 2-10 所示。虽然部分道路被划为步行街，但建筑体量和道路宽度等客观条件不能满足防火救灾的要求，这也成为限制土木工程再生利用空间安全的重要因素之一。

　　图 2-9　交通拥挤　　　　　　　　　图 2-10　交通方式混杂

3) 景观风貌丧失

以老旧城区为例，由于缺乏统一的规划设计及景观引导控制，老旧城区内大型建筑的修缮、更新、建设各自为政，致使老旧城区内的景观风貌难以统一。建(构)筑物风格各异，景观整体效果不佳，建筑高度等也未得到有效控制，严重超过了老旧城区景观建设合理的控制高度，破坏了老旧城区内的景观风貌氛围，如图 2-11 和图 2-12 所示。

图 2-11　山西榆次老城风貌

图 2-12　福州老城风貌

4) 生态环境恶化

由于追求利益的最大化，对老旧城区的更新和开发强度过大，最终超出了环境自我调节的范围，造成老旧城区生态环境质量下降，主要表现为我国能源消耗激增，空气质量下降；新建、扩建和改建住房数量增多；城市的工业生产、建筑、餐饮、日常生活会产生大量的固体废物污染；与此同时，城市水污染、土壤污染等生态资源严重破坏问题也日益突出(图 2-13、图 2-14)，进一步凸显了改善老旧城区生态环境的迫切性。

图 2-13　建筑垃圾

图 2-14　水体污染

2.2　空间安全影响因素

2.2.1　建(构)筑物安全

建筑的安全性体现在场地安全、建筑防灾、结构安全、设备安全各方面。

1) 场地安全

理论上，对每一块建筑场地，都有一种理想的用途；反过来，对每一种用途，都应有一块理想的建筑场地。由此可见，场地概念具有综合性、渗透性，以及场地功能的复杂性。本书中场地的概念包括满足场地功能展开所需要的一切设施。场地具体来说，应包括：①场地的自然环境——水、土地、气候、植物、地形、环境地理等；②场地的人工环境，即建筑空间环境，包括周围的街道、人行通道、要保留的周围建筑、要拆除的建筑、地下建筑、能源供给、市政设施导向和容量、合适的区划、建筑规则和管理、红线退让、行为限制等；③场地的社会环境、历史环境、文化环境、社区环境、小社会构成等。所以保障场地安全至关重要，如图 2-15 和图 2-16 所示。

图 2-15　场地的自然环境

图 2-16　场地的历史文化环境

2) 建筑防灾

随着国民经济的迅速发展，土木工程建设日新月异，特别是大量高层建筑的出现，大大改善了城市景观和人民的居住条件。但建筑灾害也随之呈上升趋势，恶性案例时有发生，这给人民的生命财产安全带来了很大的危害，建筑防灾减灾刻不容缓，势在必行。发生频率较高的灾害属地震与火灾，因此，在进行土木工程再生利用时，把建筑防灾(防震、防火)放在突出位置，如图 2-17 和图 2-18 所示。

图 2-17　挡烟垂壁

图 2-18　道路消防

3) 结构安全

土木工程的结构安全指的是建筑物防止破坏及倒塌的能力，也就是构件承载能力的安全性、牢固性和耐久性。土木工程的结构安全是建筑结构工程质量指标中最为重要的指标，包括了建筑结构的安全性、建筑结构的耐久性，以及建筑结构的牢固性。安全性由两方面组成，一是设计和施工标准；二是建筑物的检测和维修。影响结构安全的因素有如下几方面。

(1) 土木工程结构的承载能力。在土木工程中，结构安全性主要是对结构构件承载能力的安全性评定，主要包括两方面的控制。一是土木工程最初的设计工作以及施工过程中的质量控制，二是建筑物在使用中的维护、检测工作。在土木工程结构安全性问题上，必须提高土木工程结构构件的承载能力，从根本上保证结构的安全性，如图 2-19 所示。

(2) 土木工程整体结构的牢固性。目前，土木工程设计中较差的牢固性已经成为影响土木工程结构安全性能的主要因素，引起了建筑行业的广泛重视。虽然部分结构的牢固性差并不会对土木工程的整体结构造成严重的危害，但是一旦发生事故，局部的不稳定就极有可能造成整体结构的安全性受损，如图 2-20 所示。

(3) 土木工程结构的耐久性。耐久性主要是指土木工程结构的整个使用寿命，能够在规定的年限中发挥正常的使用功能。在土木工程结构设计时，应该综合考虑湿度、温度、雨水、有害物质的侵蚀等外界环境因素对土木工程结构耐久性的影响，正确认识到土木工程结构耐久性的必要性，真正提高结构的安全性，如图 2-21 所示。

图 2-19　承重结构　　　　图 2-20　整体结构　　　　图 2-21　结构耐久性

4) 设备安全

建筑设备指所有适用于房间和建筑的技术措施，包括经营场所和公共场所的能源(采暖、照明)和供应(水、空气)或废弃物(污水、垃圾)排放，其目的是满足居民和用户的正常使用需求。一方面，良好运转的建筑设备是正常生活的必备条件，如照明、电力供应、污水处理或供暖，如图 2-22～图 2-25 所示。另一方面，建筑物所有的设备可自动化运行。因此设备安全也是保障土木工程再生利用空间安全的重要方面。

 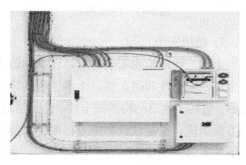

图 2-22　照明设备　　　　　　　　　　图 2-23　电力设备

图 2-24　雨污分流　　　　　　　　　　图 2-25　采暖设备

2.2.2　空间区域安全

1) 经济集中度高、规模大、实力强

老旧城区集中了大量的人口、企业和各类产业，人口的集中不仅为产业发展提供了丰富劳动力，也有效扩大了老旧城区的消费市场，为集聚效应的产生提供了可能，这是老旧城区发挥重要作用的首要因素，如图 2-26 所示。

图 2-26　集聚的办公楼

2) 首位度高，是区域经济网络核心

老旧城区集中了大量的人口和企业，必然在区域生产、流通、经营和消费中占据了极其重要的地位。交通运输网络、产业合作网络、城镇体系网络，以及围绕老旧建筑的网络，共同构成了一个巨大的网络体系。老旧城区必然是经济区内空间流转集中系数最高的首位地区，是区域经济网络和城镇体系的核心。

3) 社会分工发达，产业结构优化

老旧城区社会化大生产程度高，生产社会分工细致，协作紧密，是专业化分工协作最强的地方。专业化分工协作不仅发生在城区内部，而且蔓延到周围地方，可以带动周边区域的发展，促进经济繁荣，提高周边区域的安全性。

2.2.3 生态环境安全

建筑的生态从来都是一个开放的系统，它要考虑资源的高效利用、环境和谐、经济高效，以及经济、社会和自然的和谐统一。生态建筑的实现需要全面综合的设计，要考虑自然生态和社会生态的需要，考虑宏观、中观和微观的结合，是相互依赖和互补互动的。正因如此，也更加显示了生态建筑的复杂性。当前，在我们共同生活的地球上，任何一个建筑都难以独善其身，都要受到生态环境的影响。

土木工程的保护和再生利用是一项对城市环境有益的环保举措。当今许多发达城市在城市更新中将记录城市文化史的老旧建筑予以保留和重新利用，在改造中引入积极的生态和节能技术，充分利用自然环境中的水、气和能源等元素，走出一条可持续发展的城市改造和更新道路，如图 2-27 所示。

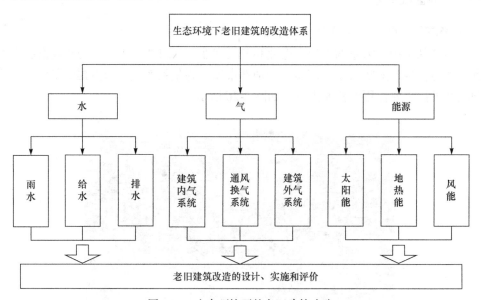

图 2-27　生态环境下的老旧建筑改造

(1) 水系统。生态建筑的水系统中设立将排水、雨水进行处理并重复利用的中水系统。还可以将用于水景工程的景观用水的一部分采用中水系统给水。用水设施尽量要推行节水型器具，以节约水资源。

(2) 气系统。气系统包括建筑内气系统、建筑外气系统，以及通风换气系统。建筑外空气质量要求达到二级标准。在住宅建设过程中，要避开空气污染源。不同的建筑物和不同楼层之间的排气系统要避免相互影响。建筑内在结构设计、窗户设计等方面要实现自然通风，卫生间应具备通风换气设施，厨房须设有烟气集中排放系统。在人员活动量大和使用频率较高的房间，还应安装空气调节系统。

(3) 能源系统。现代土木工程的能源系统包括电、燃气、煤等。生态环境安全的土木工程能源系统还包括自然能源，如太阳能、地热能、风能等。以太阳能为例，通过对建筑空间墙体设置蓄热墙或保温隔热的外围护结构，充分吸收太阳热量，冬季能使室温升高，夏季则可通过特定的孔道形成热对流，促进凉爽气流的循环，达到降温的目的。充分利用太阳能既可减少对常规能源的使用，又不会产生污染，且太阳能采集装置架设也方便。

2.3　空间安全表现形式

2.3.1　保证建筑自身安全

土木工程的再生利用是一种全新的改造形式，既具有一般改造工程的共性，又具有需要单独考虑研究的特性。由于老旧建筑先天因素的影响，再生利用项目会造成质量缺陷，因此需要重视建(构)筑物安全问题。

1) 建筑单体结构

老旧城区中的建筑由于建设时间早，大多以木结构和砖混结构为主，随着混凝土等材料的应用，也存在部分钢筋混凝土的结构形式。由于建设时期的设计标准和原有建设技术的限制，建筑没有考虑防震防火等安全防灾要求，因此安全度较低。此外，由于建筑年久失修，老化严重，加上这些地区多受拆迁安置政策的影响，居民对房屋的修整意愿不强，使得许多建筑出现了不同程度的损毁，部分房屋已经倾斜或出现较大裂缝，个别房屋已是危房，甚至倒塌，如图 2-28 和图 2-29 所示。由此可见，城区建筑结构存在巨大的安全隐患。再生利用改造后的土木工程安全性明显改善，提高了建筑的安全性。

图 2-28　老旧厂区房屋安全度低　　　　图 2-29　老旧住区房屋安全度低

2) 建筑环境

由于发展历史较长，一间狭小的房间承担着不同空间需求、复杂的生活功能。空间局促，导致生活质量不高；家庭的电气系统、排水设施等老化严重；道路狭窄，路面老化严重，且被居民的生活物品所占用，为居民出入带来不便；卫生设施缺乏，户内没有独立的卫生间，在用水高峰经常出现水压不足的现象；建筑屋面漏雨、渗水现象严重。为此，居民常用防水材料直接置于屋顶，但其多为易燃材料，安全隐患较大。对此，合理调整老旧建筑空间、整改电路、修整路面、重新做好防水等工作迫在眉睫。

3) 设备设施

(1) 建筑内部线路老化，绝缘表皮开裂、脱落现象严重，导致存在严重的用电安全隐患；在木屋架的建筑中，由于照明灯具距离屋顶木结构过近，长时间使用容易引起火灾；随着建筑的功能转变，空调等大功率电器的大规模使用导致用电量激增，可能会因电容过小，增加灾害发生的风险。对此，应改善线路，采用线路入地模式，更换照明灯具的种类，采用节能灯，减少热量的散发，同时调整灯具与屋顶的距离。

(2) 基础设备缺乏。我国北方的老旧建筑中普遍缺乏现代化采暖燃气设备，冬季使用燃煤或大功率用电器进行取暖既不安全，又不环保；夏季安装大功率的空调，一旦供电系统容量过小，承受不了瞬时的强电流，也可能导致火灾、爆炸等。针对这些安全问题，应大量增加基础设备、改善电路、增加供电系统的容量，确保老旧建筑的使用安全。

2.3.2 改善区域整体安全

土木工程再生利用涉及面广，其意义不仅可以避免大拆大建，降低拆除重建的频率与成本，让之前的土木工程在其生命周期内焕发新的活力，而且可以改善土木工程周边区域的环境安全性，提升区域整体安全性。常见的措施有如下几方面。

1) 电力通信架空管线入地

我国各大城市中存在部分电力及通信管线架空敷设的现象，有一定的安全隐患。如图 2-30 所示，在条件允许时应改良管线架设方式，采取入地措施，保障安全。

2) 燃气管道化

部分城市，特别是三、四线城市的老旧城区仍依赖瓶装燃气满足居民的燃气需求，这种方式供给效率低，运营成本高，在城区交通日益拥堵的情况下存在较大的安全隐患。因此，老旧城区应继续推进燃气管道化，提升居民的用气体验和安全性，如图 2-31 所示。

图 2-30　电力通信架空管线入地前

图 2-31　燃气管道化

3) 给水管道更换

老旧城区给水管道建设较早，存在管道老化问题，继续使用则面临爆管、渗水、水污染等风险，应根据管道使用年限，对超出使用年限规定的管道及时更换，确保居民用水安全性，如图 2-32 所示。

4) 污水支管网敷设

大部分城市老旧城区为合流制,为落实国家相关政策要求,老旧城区应实施治污措施,在有条件的情况下逐步推行老旧城区雨污分流改造,如图 2-33 所示。

图 2-32　给水管道更换

图 2-33　污水支管网敷设

2.3.3　促进空间区域再生

1) 促进区域复兴

对于一些由于产业结构落后、经济发展滞后且原有的功能已经不能满足社会发展需求的土木工程,可以对其进行绿色改造并赋予新的使用功能。只有采取合理的功能转化和可持续发展的策略,才能使老旧建筑恢复区域活力。在改造过程中,合理进行功能定位,使原有的物质空间得到持续利用,恢复其活力,以达到促进区域发展和复兴的目的。老旧建筑原有的建筑和空间得到持续利用,可以满足绿色环保中节地与节材的目的。充分利用老旧建筑中的既有资源,不仅能达到节约成本和节约建设用地等目的,产生的社会影响也非常显著,如图 2-34 和图 2-35 所示。

图 2-34　南昌 699 文化创意园

图 2-35　陕西老钢厂设计创意产业园

2) 营造良好的生态环境

再生利用的理念强调老旧建筑的改造与自然环境相融合,彼此相互映衬、相互作用,在对自然环境保护的同时,间接改善老旧建筑的内部与周边环境。再生利用设计时要针对老旧建筑不同的地域特色,进行适宜性环境改造。在改造时尽量减少对原有生态环境的破坏，促进老旧建筑对自然环境的积极作用。通过对老旧建筑生态绿化环境的营造来改善建筑周边居民的生活及居住条件，达到人与自然和谐共生的目的，如图 2-36 和图 2-37 所示。

　　　　图 2-36　生态环境规划效果图　　　　　　　　　图 2-37　生态环境实体图

3) 减少能源资源的消耗

在进行再生利用设计时，要考虑资源的合理利用及循环利用的可能性。在选择新材料及能源时，尽可能选择可再生材料及能源(如风能、太阳能、生物质能等)，如图 2-38 和图 2-39 所示。这些材料及能源形式都是无污染且可再生的，并且使用技术可操作性都较强，应充分利用这些材料和能源以减少消耗。资源循环利用是老旧建筑再生利用的重要手段之一，也是其可持续发展的重要途径。

　　　图 2-38　办公楼太阳能电池板　　　　　图 2-39　可再生竹米材料全木质外墙

4) 提升居民居住舒适度

老旧建筑由于功能老化，其本身以及周边经济发展滞后，在一定程度上已不能满足人们对高品质居住生活的需求，因此，提升居民居住舒适度已成为老旧建筑改造的必然趋势。在再生利用过程中，应充分利用自然资源，优化其外部空间环境。进行内部空间再生利用时，应结合其既有布置，改善内部的空间品质，使通风、采光满足规范要求。通过对内、外空间环境的再生利用设计，整体上改善老旧建筑周边居民的生活质量，提升居住舒适度，进而提升居民的生活幸福感，促进区域再生，如图 2-40 和图 2-41 所示。

图 2-40 良好的居住环境　　　　　图 2-41 齐全的配套设施

思 考 题

2-1. 简述空间安全的概念。

2-2. 简述土木工程再生利用空间安全分析的意义。

2-3. 空间安全有何特征?

2-4. 简述再生利用过程中土木工程常见的损伤类型及加固方法。

2-5. 土木工程再生利用空间安全面临的瓶颈问题有哪些?

2-6. 土木工程再生利用空间安全的影响因素有哪些?

2-7. 生态环境下老旧建筑的改造体系主要从哪几方面着手?

2-8. 空间安全有哪些表现形式?

2-9. 可以从哪些方面促进空间区域再生?

2-10. 改善区域整体安全的措施有哪些?

参考答案

第3章 土木工程再生利用投资价值分析

3.1 投资价值认知基础

3.1.1 投资价值的内涵

投资是指特定经济主体为了在未来可预见的时期内获得收益或使资金增值,在一定时期内向一定领域投放足够数额的资金或货币等价物的经济行为。

投资价值是指评估对象对于具有明确投资目标的特定投资者或某一类投资者所具有的价值。投资价值是关于历史、艺术和科学价值的衍生价值,是评估对象尚未被挖掘开发的巨大潜力所在。

土木工程再生利用投资价值是指对具有明确投资目标的不确定性投资所带来的隐形价值。其具体是指:我国现有的土木工程在城市区位、空间结构、文化底蕴等方面存在一定尚未发掘的潜力,在进行合理开发的基础上,有产生一定的经济效益的可能。土木工程发展的最直观体现就是经济效益,是否具有投资价值就成了城市招商引资最重要的考虑因素。投资价值包括整体形象推广,促进文化遗产在旅游者心目中的广泛认同,并结合当地生态景观,以及休闲养生等理念加以阐释,构建文化遗产保护开发体系。如对大型遗产的修复建设、对主题文化演艺产品的利用、对文化休闲旅游产品的利用建设等。

土木工程所处的地理位置一般较好,随着城市的发展逐渐变为城市中心,地价不断上升,开发商一般通过改变土地性质带来经济效益。但是这种方式不仅会导致居住舒适度下降,也不利于城市的多样化发展。土木工程再生利用项目是建立在市场经济规律的前提下,根据以人为本的思想创造出的全新的迎合现代人需求的工程项目,在保证居民居住和原有城市经济发展的前提下吸引新的商机,实现一定的经济目标。投资价值主要考虑建筑规模对投资的影响、再生利用投资成本、投资收益的相关预算三个方面。对建筑规模和投资规模进行综合评定,有助于对投资进行较为准确地预算。投资成本评定主要是对土木工程再生利用项目进行预估性的综合评定。在进行投资价值分析时,应根据投资项目的具体情况,把握整体投资情况,使投资收益最大化。

土木工程再生利用项目应在总体规划的指导下,按照统一规划、合理布局、因地制宜、综合利用、配套建设的原则进行再生利用模式选择,合理重构空间。在对土木工程再生利用项目投资决策时,应在满足空间安全评定要求的基础上,节约投资成本,明确投资收益。

3.1.2 投资价值的特征

1. 利益来源的多样性

闲置的土木工程背后包含着巨大的商业价值。随着土木工程再生利用项目的开展，土地增值和产业经济发展尤为明显。土木工程再生利用项目内部的主要冲突表现在土地增值和整体收益在各方之间的分配问题。土木工程自身所具备的价值和其主要利益来源表现在以下几个方面。

1) 城市土地的紧缺

近年来，我国城市的快速扩张和城镇化有序发展让城市的土地需求持续增长，然而，许多大城市的土地却常常供不应求。这样的供需不平衡使得城市的用地开发频率持续加快，这表示开发城市土地的收益也在进一步提升，最终城市用地的价格也水涨船高。虽然多数土木工程项目所处的土地还不是普遍定义的城市用地，但其无论是再生利用或是作为城市商业发展的储备用地，自身的土地价值极高。土地本身所带来的收益便是土木工程再生利用的主要利益来源之一。

2) 土地相对区位变化

著名企业家李嘉诚曾有一句经典的投资名言："决定地产价值的因素，第一是地段，第二是地段，第三还是地段。"这句话表明了区位因素对商业发展十分关键。城市的快速发展扩张，使得许多土木工程的地理区位从原来的郊区变为城市的核心区或者商业中心，这种地理区位的相对改变促使土木工程的用地价值大幅提升。

3) 外部性与级差地租

道格拉斯·诺思(Douglass C. North)指出："外部性就是个人收益或成本与社会收益或成本之间存在的一些差异，而这种差异使得第三方或者更多方在没有其同意的情况下受益或受损"。在城市更新演变的历程中，建设了不计其数的基础服务设施，这样的城市建设投入让原本与城市用地犬牙交错的工程用地得到正的外部性。加之城市周围用地持续开发，让原本十分普通的工程用地等级也随之拔高，拥有了级差地租的客观优势。

4) 国有土地转变为商业用地

在我国的土地制度下，商业用地的流转性优于国有土地。通过土木工程再生利用项目，让流转困难的国有土地转换为方便流转的商业用地，促使土地价值快速体现。土木工程也通过土地性质的转变完成土地增值。在土木工程再生利用项目开展之前，土地增值收益仅仅是潜在的收益，只有项目开始规划与建设后才能显现并成为土木工程再生利用项目的利益来源之一。

2. 利益相关方的复杂性

利益相关方理论出现于 20 世纪 70 年代。该理论主要涵盖两个中心问题：一是利益相关方的识别；二是利益相关方获取利益的依据。Mitchell 认为，利益相关方必须具备以下三个属性：①合法性，即某一群体是否在法律和道义上具有索取权；②影响力，即某一群体是否拥有影响行动的地位、能力和相应的手段；③重要性，即某一群体的要求能否立即引起关注。

通过分析可知，土木工程再生利用项目包含的利益群体很多，而实际建设过程中的主要利益相关方为地方政府、开发商，以及原所有者，如图3-1所示。他们具备以上三个属性，因此是确定性利益相关方。

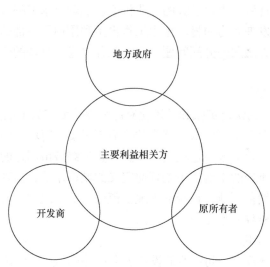

图 3-1 再生利用的主要利益相关方

1）地方政府

地方政府作为土木工程再生利用项目的主要参与方，其既是项目的指挥官和推进方，也是项目的受益方。地方政府的收益及其推进土木工程再生利用的动力来源于：第一，土地出让金和地方税收的收益。土地出让金作为地方政府的一大笔经济来源，在许多城市都被纳入地方财政收入。第二，土木工程再生利用可以有效改善城市生态环境，提升城市品位和竞争力。第三，土木工程再生利用让地方政府获得大量的城市土地用于城市的进一步建设，缓解了许多城市建设用地匮乏的问题。

地方政府在土木工程再生利用项目上有着不可替代的地位，它在宏观上对土木工程再生利用项目的干预有助于把控土木工程与城市总体规划的关系。同时，地方政府会从区域发展的实际考虑，避免单方面地追求经济效益，保证再生利用后的城市环境以及文化定位。它在土木工程再生利用项目中承担着平衡各方利益并维持区域稳定发展的重要责任，不会一味地追求单方的利益最大化。

2）开发商

开发商作为市场资本的代表，是土木工程再生利用的主要利益相关方之一。土木工程再生利用需要的资金成本巨大，而地方政府和原所有者往往没有单独开发的实力，开发商作为资本持有者便可以参与到项目中。开发商参与开发的目的在于赚取最大的利润，因此，开发商通常会有以下行为：①争取具有地理优势的土木工程；②尽力压低土地成本、控制投入的建设成本；③对可开发的土木工程进行高强度改造；④尽力使政府制定补偿及税收的优惠政策。开发商的介入使得地方政府的限制与市场产生分歧，因此，地方政府与开发商会在成本投入与收益平衡上进行博弈。土木工程再生利用项目中，开发商在设计、施工以及后期运营管理上都有强硬的专业实力，其所承担的整体风险也较为突出。

3) 原所有者

原所有者也是土木工程再生利用的利益相关方。原所有者原本拥有国有土地的使用权，可以通过生产或内部投资经营的产业获得一定的收益。而土木工程再生利用后，这些直接经济来源受到不同程度的影响。土木工程再生利用后，不仅要解决原有雇佣员工的安置和集体产业补偿问题，还要考虑原有雇佣员工失业后的再就业、医疗、养老等关系未来生计的问题。由此可见，土木工程进行再度开发，关系着原有员工的生存，一直受到原所有者及下岗员工的关注。

3. 投资模式的不确定性

1) 地方政府主导的投资模式

地方政府主导的投资一般有两种类型。

(1) 地方政府下属的投资发展企业作为投资主体进行投资。此种模式的特点是地方政府仍拥有土地的使用权，在土木工程开发上以改造为主，再生利用的改造类型多为发展文化创意等新兴产业，不附加或者附加少部分的商业开发。这种投资模式的主要流程如图 3-2 所示，即由地方政府出资筹建的企业作为主体，地方政府授权该企业行使各类经营等特殊职能。这种企业并非属于营利性质的，而是一种非营利性事业单位。它由地方政府部门自行组建领导班底以进行统一规划、改造以及开发，再出面为其提供一定的融资担保，使之拥有土木工程再生利用的启动资金。

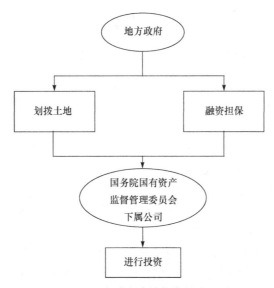

图 3-2　地方政府直接投资的流程图

这种模式便于地方政府对包括市政基础设施在内的建设进行统一规划，能够有效地降低地方政府开支。地方政府直接决策可以缩短项目建设周期并兼顾原有员工的安置，便于和原所有者进行项目配合。同时，地方政府在项目决策上所处立场不同，缺乏市场机制的调节，不会最大限度地投资、开发、利用土地，资金压力巨大。通常这种模式运用于对城市小部分土木工程的保护，如杭州工艺美术博物馆群再生利用。地方政府的目的是保护土木工程和改善区域的生态环境，其决策偏向于创造土木工程的社会价值和自然生态价值。

(2) 地方政府向开发商出让土地使用权后进行投资。这种模式由地方政府进行主导、开发商参与投资并按照市场规律运营，主要流程如图3-3所示。一般由土木工程所属的地方政府完成土地的征收工作，然后进行土地使用权的挂牌出让程序，由最终获取土地使用权的开发商进行设计、改造和开发运营等工作。地方政府在项目中为开发商提供一定的融资担保，并发布相关政策来协助开发商推进项目运行。这种投资模式减少了土木工程再生利用项目中地方政府的资金压力，同时也有利于地方政府对城市进行整体规划，便于实际操作，如陕西钢铁厂再生利用为老钢厂设计创意产业园。

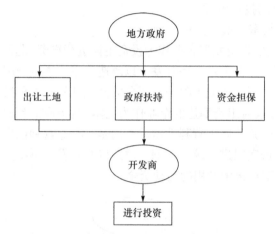

图 3-3　地方政府出让开发商投资的流程图

这种模式的最大优点是地方政府与开发商共同合作，将行政手段和市场优势进行结合，很大程度上避免了地方政府欠缺市场经验和信息不对称的问题。在项目开展过程中，地方政府可以监督开发商的行为并保护原有员工的利益。但是这种模式无法全面考虑原有员工的意愿和未来生计问题，并不利于对土木工程历史文化价值的留存。

2) 原所有者自主的投资模式

原所有者自主的投资也存在两种类型。

(1) 自发式利用，即原所有者在停产或破产重组后改制为新的管理公司自行投资开发。原所有者将建筑直接出租或进行小部分提升，形成有规模的再生利用。这种投资模式多为建筑长期闲置后自发形成的，需要的资金较少，空间布置等也较为灵活，可以满足许多初期创业人员或艺术家的需求。但由于缺少整体的规划和设计，很多基础设施和配套设备都不完善。在我国土木工程再生利用的初级阶段，很多土木工程的再生利用都是这种模式，如北京798艺术区的自发形成。

(2) 原所有者交由开发商改造，即原所有者通过招投标等方式将土木工程再生利用项目整体交予开发商，由开发商规划设计和建设运营。开发商则可以在城市整体规划的基础上，因地制宜地对土木工程进行大幅改造。

这种模式的优势是能够在很大程度上考虑原所有者和员工的意愿，妥善处理他们的生计和利益问题。但是这种再生利用由市场进行引导，没有地方政府的整体规划与支持，较难保证区域的协调健康发展和社会效益的实现。

由全国已有的土木工程再生利用案例来看，原所有者自主投资(包括原所有者自发式利用和原所有者与开发商合作改造)的模式在实际建设过程中，在土地使用权、地方赋税、设计规划，以及施工验收等方面还是会需要地方政府参与其中。开发商在市场竞争中的逐利行为很难保证再生利用项目的最终质量，他们通常不会注重老旧建筑体的保护性利用和文化价值的保留，存在许多建筑功能定位和工业文化传承不相适应的现象，对城市区域的整体规划产生负面效应。因而在实际项目中，对于这种由市场进行主导的再生利用投资行为，地方政府应当加强政策干预的手段，注意对历史文化、生态环境，以及社会影响的维护，保证市场行为的科学与公正。

3) 地方政府与市场结合的多主体投资模式

多主体投资模式是如今我国土木工程再生利用项目较为普遍采用的模式，主要流程如图 3-4 所示。这种模式的参与方包括地方政府、原所有者以及开发商三方，能够有效发挥各方在再生利用项目中的优势，并且保护好原有员工的生计问题和利益问题。地方政府利用政策措施帮助原所有者安置及再就业，并能考虑以开发商为代表的市场的选择，综合多方的智慧与力量，形成地方政府、原所有者、开发商协作的新局面。

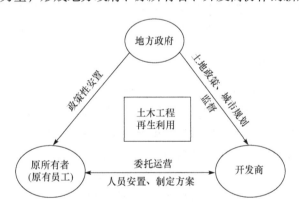

图 3-4 多主体投资的流程图

对上述的土木工程再生利用投资模式特点进行对比分析，具体见表 3-1。

表 3-1 土木工程再生利用的投资模式的特点分析

	地方政府主导投资	原所有者自主投资	多主体投资
特点	地方政府下级单位创立投资开发企业，提供基础设施及土地管理服务，通过相关政策吸引市场投入	原所有者主导土木工程再生利用，配合地方政府对片区的整体规划	在地方政府规划下，由开发商建设。开发商与原所有者共同进行后期运营维护，地方政府提供政策支持及优惠
资金要求	地方政府资本充足或有较强的融资能力	资金需求较少	资金量需求大

续表

	地方政府主导投资	原所有者自主投资	多主体投资
运营能力	地方政府行政资源充足，运营能力较强	原所有者能力弱；开发商市场运营能力较强	地方政府提供资源支持，开发商提供人才支持，原所有者配合，运营能力强
优点	便于地方政府对项目进行整体规划，社会效益明显，建设时间短	有利于减轻地方政府资金压力；能够最大限度地满足原所有者的安置	满足各方需求的基础上，三方互相牵制，有利于提高项目品质
缺点	所需资金大，地方政府财政压力大，成本较难回收	对原所有者的资金实力要求较高，社会资本的逐利性致使开发强度过大，市场行为难以规范，开发周期较长	参与方众多，对再生利用的规划可能不统一；极易产生利益矛盾
适用范围	历史文化价值高；规模较大，需由地方政府统一规划协调；区位优势不明显，需由地方政府推动	地方政府财政能力不足；原所有者自身实力较强	具有一定价值的土木工程，规模大且再生利用资金需求较大

3.1.3　投资价值的瓶颈

虽然目前我国在土木工程再生利用领域取得了一定发展，但形势仍旧不容乐观。土木工程再生利用方面存在诸多问题，使土木工程再生利用投资价值被削弱。

1. 再生利用政策的片面性

西方的大多数土木工程再生利用项目都由地方政府主持，然而我国的土木工程再生利用项目大多是民间自发的。究其原因，首先体现在决策者观念落后、急功近利，忽视专家及大众的观点，对土木工程项目本身及再生利用价值缺乏深刻认识，导致许多有历史价值的土木工程没有得到保护甚至被摧毁，许多见证中国经济发展的工程项目消失了。其次，社会各界对土木工程再生利用的意识淡薄，在目前的土木工程再生利用中，对待已经不适应城市发展需要的土木工程存在两种极端的态度：一种是大规模的拆除重建；另一种是漠视其存在，采取置之不理的态度。社会各界不管是从地方政府到开发商，还是再到民众，普遍缺乏对土木工程再生利用的理念。最后，土木工程再生利用理论研究落后，缺乏一套能指导实践的完善理论体系和相应的法律法规。在我国，急需建立和完善相关法律、法规体系，制定相关的制度和规范，通过法律途径有效地利用、保护那些具有重要的历史意义的土木工程。在制定相关法规时，不仅应该考虑到土木工程自身的特殊性，还应充分考虑其历史文化性质。

2. 再生利用规模的局限性

在再生利用规模上，国内只有少数经济发达的城市和地区存在土木工程再生利用的实践项目，其本身的再生效果参差不齐。土木工程再生利用大部分都是在原有建筑基础上进行改造的，但这并不意味着不能加建和扩建。我国在土木工程再生利用规模上存在一定的局限性。在土木工程遗存中,有很多记录了产业文明发展的实体部分,它们是历史文化意义的延续。因此,对于土木工程,我们要更好地修护和利用,使我们的文化以遗产的形式传承后代。但是,我们应该清楚这种保留是有选择性的保留,应该取其精华,去其糟粕,把好的文化流传下去。对土木工程进行再生利用,就要解决它过去出现的很多问题,消除它产生的诸多不良影响。在实体方面,工程本身的荒废和破败,需要我们重新调整和改造。

3. 再生利用形式的单一性

我国在土木工程再生利用方面还处于初始探索阶段,缺少具体的、原则性的控制。通常在具体的方案设计阶段缺乏指导原则,导致设计琐碎,没有整体思想。国内土木工程再生利用的范围仍停留在对原有工程"功能置换"的层面上。国内土木工程再生利用领域所忽视的是对地段景观文化的重现、生态环境的恢复等,而其所要解决的不仅仅是"功能置换"。例如,对我国工业建筑来说,目前"文化创意产业园""艺术家工作室""画廊"是其再生利用的主要模式。再生利用形式单一,缺乏创意,功能简单,难以承载规模巨大的工业建筑。对于整体人口素质不高、经济实力相对较弱的中小城市,这种再生利用方式很难被模仿。同时,开发商利用原工程用地进行建设的项目中,土木工程再生利用的案例也十分缺乏。

3.2　投资价值影响因素

投资价值的影响因素主要从建设规模、投资成本和投资收益三方面进行考虑,如图3-5 所示。

由于土木工程再生利用项目较为复杂,不可避免地产生资金来源多、投资额较大的情况,因此应对建设规模进行合理判断,即对建筑规模和投资规模进行综合评定,有助于对投资进行较为准确的预算。建设规模指对城区的建筑规模和投资规模进行综合评定。再生利用过程中应考虑建设规模的合理性,在进行投资价值分析时,应根据实际投资项目的具体情况、借助项目数据,如容积率、绿地率等基本指标进行投资预估,并编制投资估算文件;充分考虑政治因素,评估项目是否满足国家或地方相关政策和资金扶持条件;对投资收益进行相关预算,整体把握投资情况,使投资收益最大化。对土木工程再生利用时,应尽量保护原工程的外貌特征和历史价值。投资规模应从整体上把握,充分考虑节约成本的因素,编写投资估算文件。

投资成本评定主要是对土木工程再生利用的成本进行预估的综合评定。预估投资成本时,应充分考虑项目是否满足国家或地方相关政策和资金扶持条件,合理控制自有资金占有比例,考虑项目是否能够充分利用原有建筑、管网、道路等既有资源,利用街区已有资源,确定再生利用方案是否经济合理。再生利用过程中为了减少成本,应控制合理的自有资金占有比例。

投资收益的评定主要包括对土木工程的再生利用进行直接收入与潜在收入的预估综

合评定。综合评定时，应根据再生模式对投资收益进行预测。投资收益应根据供需结构、物价水平及汇率等因素确定。

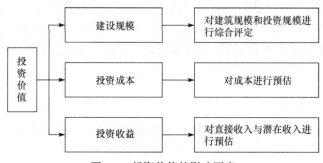

图 3-5 投资价值的影响因素

3.2.1 建设规模

建设规模一般是指项目可行性研究报告中规定的全部设计生产能力。建设规模主要包含工程概况的相关数据，如建筑面积、层数、层高、结构类型、用途、占地面积等。土木工程再生利用项目的整体建设规模决定了项目的投资规模。投资商会根据前期调研和预测进行全面分析。除区位优势分析及开发方案分析之外，投资商还会深入了解市场，针对消费群体，确定建设规模。

1. 规模效应

大规模开发能够营造高品质的环境，保证有足够的空间进行整体规划，并且可以分摊管理、服务、营销成本，降低单位成本，以获得较大的利润总额，有利于大资金运作。所以，大规模开发项目的配套比较齐全，容易规划，在市场上也会比小规模开发项目更受欢迎。同时，由于大规模开发通常是一次规划、分期建设，可以根据外部条件的变化加以调整。但是大规模开发也存在一些缺点，如开发周期长、面积大、所需投入资金量大，对项目建设管理要求高。若投入、建设、产出不能环环相扣，则很可能导致失败。另外，大规模开发所需配套设施繁多，分散了资金力量，会使先期完成的项目受到限制。

2. 建设规模的影响因素

建设规模的影响因素可以从以下几方面进行分析。

1) 经济发展

从经济发展对投资的需求来看，经济增长了，必然带来对投资的需求。经济发展增加就业对投资的需求、产业结构变革对投资的需求，以及对重置投资的需要等，使投资规模扩大。

2) 经济体制

首先，从决策系统来看，投资体制中各层次的决策权限、决策方式、各种决策方式在整个决策中的地位，以及它们之间的相互作用，直接影响建设规模的大小。

其次，从所有制系统来看，投资体制运行的责、权、利关系实质上是由一定的所有制关系决定并反映在一定的利益分配和利益结构中的，宏观决策者与微观决策者在整体目标、企业目标、利益考虑上的矛盾，自然对建设规模产生影响。

再次，从信息系统来看，全面了解和掌握整个社会的投资动态，注意收集、传导、处理、分析、利用各种有关投资问题的经济情报，能对投资起到良好的指导作用。如果不了解市场情况，往往容易造成重复投资建设、建设规模膨胀。

最后，从调控系统来看，调控系统的基本功能是修正投资主体偏离整个宏观目标的行为，实现整个投资体制的正常运行。投资宏观控制不力，是造成投资规模膨胀的重要因素。

3) 宏观经济政策

宏观经济政策的指导思想是影响建设规模的重要原因。就经济增长政策而言，衡量经济的主要指标是产值。在实施经济增长方案时，易产生各地区竞相攀比速度的局面，结果使各地的经济增长速度远远超过要求，经济增长目标过高导致对投资的需求过大，引起建设规模膨胀。

4) 投资结构

投资结构既影响投资需求，也影响投资供给。投资结构不同，投资需求的量和物质内容就会有所区别。投资结构与社会产品的供给结构相适应，可以使现有资源得到充分利用。投资结构合理，可以促进产业结构的合理化，从而增加社会总产品的供给能力，为以后扩大建设规模提供更多的投资。投资结构不合理是投资规模膨胀的一个重要因素，它可能导致投资规模膨胀。

3.2.2　投资成本

1. 投资成本的组成因素

投资成本是固定资产投资项目所耗费的物化劳动和活劳动的货币支出总和。不仅包括资金，还有所需的全部资源，如人、材料、机械设备等。土木工程再生利用的投资成本包括三个方面，分别是项目决策成本、项目勘察设计成本和项目施工成本，如图 3-6 所示。

图 3-6　投资成本组成

1) 项目决策成本

项目决策为项目形成的第一阶段。项目决策成本是指在项目决策期间发生的费用总和。该成本是为收集项目的第一手资料所花费的代价，对项目的建成具有巨大的影响。对于再生利用项目而言，此阶段应进行大量的市场调查，充分掌握与项目再生利用相关的资料，从而对项目进行准确的可行性研究。

2) 项目勘察设计成本

勘察工作以决策阶段的可行性研究报告为依据。依据可行性研究报告和勘察结果对再生利用项目进行具体设计，在此期间发生的费用总和就是项目的勘察设计成本。此成本为再生利用项目的进一步实施奠定了基础，是再生利用项目实施的保障。

3) 项目施工成本

项目施工成本是指在施工过程中为完成项目的全部工作所耗费的各项费用的总和。按照建筑安装的费用划分，项目施工成本包括人工费、材料费、机械设备使用费、企业管理费等。项目施工成本是项目总成本的主要组成部分，对再生利用项目的成本管理具有很大的影响。在再生利用项目的成本管理中应重视项目施工成本的管理。

2. 投资成本的影响因素

与一般建筑工程项目相同，影响再生利用项目投资成本的主要因素有工期，质量，人员、材料、机械、设备价格变化，管理水平及政府相关政策的发展变化等。但由于土木工程再生利用项目以既有建筑结构为依托，其成本还受到项目规划与定位、科学检测的影响。综上所述，土木工程再生利用投资成本的影响因素如图 3-7 所示。

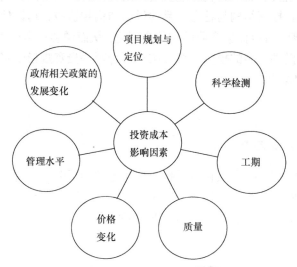

图 3-7　土木工程再生利用投资成本的影响因素

1) 工期

一个项目根据自身的特点存在一个最佳施工组织，即最佳施工工期。若加快施工组织，相应地需要加大施工物资的投放。采用一定的赶工措施，如安排工人加班、高价购进原材料、高价雇佣施工人员和租用施工机械设备，使工程成本增大。反之，拖延施工组织，造成施工人员和施工机械设备的利用率下降，增加成本。

2) 质量

质量总成本一般由质量保证成本和质量故障成本两部分组成。质量保证成本多数情况下是为保证和提高项目质量而采取的相关保证措施耗用的开支，这类开支越大，说明质量保证措施做得越全面，相应的项目质量保证程度越高；反之，质量的保证程度就越低。同时，项目质量不合格水平越高，引起的质量不合格损失就越大，造成的质量故障成本越高；反之，故障成本就越低。

3) 价格变化

土木工程再生利用在设计阶段对成本的影响主要反映在施工图预算方面，而预算取决于设计方案的价格，价格又直接影响工程成本。因此，在做施工图预算时，应该做好价格预测。对于工期较长的项目，应该准确估计通货膨胀引起的建材、设备及人工费的涨价率，以便准确把握成本水平，制定合理的成本预算方案，避免因为所需资源的市场价格变动而加大成本管理的难度。

4) 管理水平

(1) 对成本预算估计偏低，如征地费用或拆迁费用大大超出计划而对成本产生影响。

(2) 资金链断裂或建筑材料、施工机械设备的供应出现问题，会对工程的正常进度产生影响，造成工期延长，成本增加。

(3) 建设方(业主)决策失误造成成本增加。

(4) 更改设计内容可能增加或减少成本的开支，但往往会影响施工进度，给成本控制造成不利的影响。

5) 政府相关政策的发展变化

政府相关政策的发展变化对投资成本的影响，一方面是政府宏观经济调控政策对项目成本的影响，如利率的下调或者提升；另一方面是政府产业政策或行业政策的变化对项目成本的影响，如政府对研发新产品有鼓励措施。这二者都会对项目的投资成本产生很大的影响。

6) 项目规划与定位

项目前期决策时，需要结合项目综合现状(文化背景、建筑结构、区位特点、市场需求等)进行规划。对土木工程的建筑风格进行合理定位，也对降低改造成本具有重大影响。以苏州市某老旧建筑改造为综合商业区为例，因为项目中部分厂房被鉴定为文物保护建筑，在改造中不允许破坏其建筑外观和主要结构，但建设单位在项目规划时并未考虑该因素，直接在受保护建筑下方设计新建地下建筑，最后对控保建筑采取整个平移的措施，此过程耗资巨大，远远超出了几栋建筑重新建设的成本。后期建筑风格的定位对投资成本也有重大影响。再生利用项目应充分挖掘建筑的文化历史底蕴，最大化利用既有建筑，避免以"老旧元素"为噱头，大面积进行"包裹式"装修的现象发生，在保存原有建筑历史文化底蕴的同时，做好再生利用成本管理。

7) 科学检测

在再生利用项目的前期，应对既有建筑进行科学检测，即进行建筑结构可靠性检测和建筑环境检测。进行建筑结构可靠性检测的目的是进一步精确化改造成本，优化成本管理。建筑结构可靠性的检测评定对成本存在两个方面的影响：其一，对结构可靠性低估会导致具备利用价值的建筑被拆除，降低建筑利用率，增加改造成本；其二，对结构可靠性高估会导致后期维护加固费用的增加，甚至影响结构的安全性。同时，对建筑环境的检测明确了既有建筑运行过程中的生产工艺、生产材料对环境造成的污染程度，避免了不合理治理造成的工作量和费用方面的增加，从而简化了再生利用成本的计算，保证土木工程再生利用项目的按时交付及正常使用。

3.2.3　投资收益

　　投资收益分析是对再生利用项目可能产生的直接收入和潜在收入进行预估的综合分析。投资收益应根据项目拟选择的再生利用模式进行预测。项目的投资收益分析应当是全面的、综合的分析，既要考虑其综合经济效益，也应考虑其综合社会效益；既要站在投资者的立场研究项目投资带来的利益，也要关注项目建设对宏观的国民经济发展的影响。

　　对于投资方来说，没有足够经济效益的一般项目是无法开展的。而对项目经济效益的衡量一般是通过财务评价实现的(公益项目或政府主导项目须进行国民经济评价)。常用的定量经济性评价指标主要包括内部收益率(效益率)、(经济)净现值、净现值率、投资回收率、投资回收期(有动态与静态之分)和经济效益费用比等，如图 3-8 所示。同时，对于一般项目来讲，其经济效益很大程度上还受国家宏观发展政策、税收政策及投资决策时所采取的融资方式和制定的项目投资计划等的影响，而对于大型项目来说，项目还受所选用的重大加固技术和建造技术的先进性和经济性的影响。但是这些影响因素一般不能直接以确切数据的形式使用，需要运用数学工具将定性问题转化成定量值用于评价。

图 3-8　常用的定量经济性评价指标

　　1. 分析原则

　　1) 以经济效益为中心，经济效益与社会效益相结合的原则

　　土木工程再生利用项目投资的基本目的在于经济效益，但也不能忽视文化、环境、生态等方面的社会效益，应当将二者结合作为分析的原则。

　　2) 实物指标与价值指标相结合的原则

　　在进行项目建设投资方案分析时，一般广泛采用产值、投资、利润等价值指标。但是，单纯的价值指标受到各种因素影响，往往不能直接反映生产情况，尤其是市场经济不景气、市场体系不完备、价值与使用价值严重背离时，更不能单纯依赖价值指标来衡量经济效益。

　　3) 短期经济效益与长期经济效益相结合的原则

　　短期经济效益是投资者的眼前效益，长期经济效益是较长时间后才能获取的效益。虽然长期经济效益由于时间的关系，面临着巨大的风险，但是往往潜藏着更大的利益。

　　4) 微观经济效益与宏观经济效益相结合的原则

　　微观经济效益是指企业经济效益，又称项目经济效益，是指站在投资商的立场，分析项目投产后的盈利状况和项目投资的经济效益情况。微观经济效益多集中于投资、利润、单价、收入等价值指标的计算与分析。宏观经济效益又称项目投资的国民经济效益，指站在国民经济的立场来考察、研究和分析项目建成后对社会经济的贡献。建设投资项目的宏观经济效益主要集中于项目为社会提供住宅的数量与质量、公共服务设施和基础设施的配套与改善、环境绿化以及售后服务与管理等的经济分析。

2. 分析方法

1) 静态分析法

静态分析法不考虑资金的时间价值，只静止地分析项目的盈利能力和投资回收期。静态分析法的优点是概念明确，计算简便，易于理解和掌握，故也称为简单分析法。静态分析法对从资金周转和减少投资风险的角度研究投资问题很有意义。但静态分析法的缺点在于没有考虑资金的时间价值，因为不同方案的回收期虽然相同，但盈利的先后不同，资金的价值是不一样的。另外，也不能看出投资项目在投资回收后的收益情况，因此对项目评价不够全面。但在一定条件下，对其进行改进，仍不失为投资决定的有用辅助工具。静态分析法分为投资利润率法和静态投资回收期法等。

2) 动态分析法

动态分析法考虑了资金的时间价值，将项目建设及经营期内的每一笔资金收支情况统一到同一时间上进行考核，全面地反映了项目投资建设经营过程中的资金运行情况。当前，在投资效益评价中，动态分析法已得到了比较广泛的应用和重视，动态分析法分为净现值法、内部收益率法和动态投资回收期法等。

3) 敏感性分析

敏感性分析研究的是投资项目主要因素发生变化时，项目经济效益发生的相应变化，以判断这些因素对项目经济目标的影响程度。这些可能发生变化的因素称为不确定性因素。敏感性分析就是从多个不确定性因素中逐一找出对投资项目经济效益指标有重要影响的敏感因素，并确定其敏感程度，以预估项目承担的风险。

一个项目涉及的敏感因素很多，我们在分析时应该根据项目特点来选择对项目效益影响较大且重要的因素进行分析。因为在后评价时，工程项目的投资建设期已经完成，所以项目财务后评价的敏感性分析主要是针对后评价时点以后的成本和收入两个因素进行分析，最基本的分析指标是内部收益率、净现值和投资回收期。通常为了找出关键的敏感因素，只进行单因素敏感性分析，必要时可以同时对两个或者两个以上的指标进行多因素敏感性分析。敏感性分析一般选择不确定性因素变化的百分率为±5%、±10%、±15%、±20%等；对于不便用百分数表示的因素，如建设工期，可以采用延长一段时间表示，如延长一年。

(1) 敏感度系数。敏感度系数是指项目评价指标变化率和不确定性因素变化率之比，其计算式为

$$S_{AF} = \frac{\Delta A/A}{\Delta F/F} \tag{3-1}$$

式中，S_{AF} 是评价指标 A 对于不确定性因素 F 的敏感度系数，$|S_{AF}|$ 较大者敏感度系数高；$\Delta F/F$ 是指不确定性因素 F 的变化率；$\Delta A/A$ 是指不确定性因素 F 变化 ΔF 时，评价指标 A

的相应变化率。

(2) 临界点。临界点是指因为不确定性因素的变化而使项目从可行变成不可行的临界数值，一般采用不确定性因素相对指标的变化率或其对应的具体数值来表示。临界点可以通过敏感性分析图得到近似值，也可以采用试算法求得。

敏感性分析不仅可以使决策者了解不确定性因素对项目评定指标的影响，从而提高决策的准确性，还可以提示评定者对较敏感因素重新进行分析研究，以提高评定的可靠性。在方案选择时，人们可以用敏感性分析区别出敏感性大或敏感性小的方案，以使得在经济效益相似的情况下，选取敏感性小的方案，即风险小的项目作为投资方案。

3.3　投资价值表现形式

土木工程再生利用是对废弃或即将废弃的土木工程重新开发利用，以发挥其剩余的经济价值。除此之外，土木工程再生利用也能带动或促进其所在区域的经济发展和产业调整。

以工业建筑为例，从微观层面来看，土木工程具有以下几方面潜在的经济价值。

1) 土木工程本体再利用的经济价值

工业建筑与一般的民用建筑相比，在改造上具有更明显的经济价值：空间结构大都为钢筋混凝土框架或排架结构，建筑空间宽敞高大；生产流程的需要使建筑平面形式大都规则、简单、整齐；建筑立面大都为现代风格，一般造型简洁、平整，可塑性强；原有高容量的给排水、电力电信、燃气动力等基础设施，不仅为建筑的改造提供了良好的基础，还有效地缩短了工程项目的建设周期，更减免了重建主体结构、清理建筑垃圾，以及重新购置土地等消耗的多项开支。

2) 土木工程场地空间的经济价值

随着城市的发展和扩张，以及城市产业结构的重新调整，城市的工业重心向新兴工业区或郊外转移，工业旧址由偏僻的河岸江滨或郊区地段转变成了城市中心或面江临河的优良地段，地价的飙升使其所在地段具有较大的商业价值。工业建筑占地面积大、室外场地宽阔、建筑层数少的特点使其空间场地具有较好的再开发潜力，可通过加建、扩建或插建等方式扩大空间容量，进一步改善空间功能结构。投资商可投资开发的项目也较广，如开发展厅、博物馆、剧场、商场、餐馆、酒吧、茶馆等投资回报率较高的产业。

3) 城市地段复兴的经济价值

西方发达国家在经历了第二次世界大战后大拆大建式的城市改造后，开始反思这样做的弊端，并逐步转向循序渐进的方式，把土木工程再生利用作为城市社区复兴的一个重要举措，并取得了相当好的效果和经验。著名的英国伦敦泰特现代艺术馆就是一个典型的例子，如图 3-9 所示。该艺术馆由岸坡发电站改建而成，改建项目获得了极大的成功，改变了以往泰晤士河南岸受冷落的状态，复兴了周围一带的经济。我国由于过去水运交通比陆地交通发达，近代的工业建筑大都集中位于河岸江滨。随着产业结构的调整，以及高速公路、铁路运输的迅猛发展，城市的工业重心向高速、铁道路口转移，昔日车流如潮、机器轰隆的繁华地段景象已悄然隐去，如果能适当地对工业建筑加以改造利用，不仅能保留工业建筑及其地段的历史文脉和特色，还能使这些地段的经济重新复兴，由此获得更为长远的社会经济效益。我国在这方面已有不少成功的尝试，如中山岐江公园就是由废弃的粤中造船厂改造而成的，该项目不仅仅保存了该地段的场所特征，更重要的是提高了这一地段的品质和价值，复兴了周边地带的经济，如图 3-10 和图 3-11 所示。

图 3-9　伦敦泰特现代艺术馆

图 3-10　中山岐江公园

图 3-11　粤中造船厂遗留标志

　　从宏观层面来看，土木工程的再生利用不仅有利于保护城市历史文脉的延续性，在自然资源有限且不可再生的情况下，再生利用工程无疑显示出更大的社会效益和生态意义。因此，对待土木工程，应考虑其全寿命周期的经济效益和社会效益，而不应只从短期的经济效益去决定土木工程的"生与死"。土木工程的再生利用不仅仅是建筑师的任务，其中更需要政府的扶持和引导，以及开发商和社会各界的关注、支持和参与。

　　整体来说，土木工程再生利用的投资价值可以表现为降低自身投资成本、引发区域投资热潮，以及提高社会投资效益三个方面。

3.3.1　降低自身投资成本

　　土木工程具有相对比较完善的基础设施和坚固的主体结构，其改造成本低、收益快。

1987年，西方发达国家的统计数据显示，土木工程的再生利用比起新建同样规模、同样标准的工程可节约 25%～50%的费用。美国一次名为保护旧建筑的经济优势(Economic Benefits of Preserving Old Building)的会议也指出，土木工程再生利用节约了两笔成本费用，其中一笔是指节约了 25%～33%的建造成本，另外一笔是指节约了大量公共营建成本，如道路交通、能源输送、给排水、科教卫生、消防安全等设施的建设费用和相关投资。

土木工程再生利用的经济价值可以概况为以下三点：节约建造成本，节约基础设施投资，缩短建设周期带来的效益。

1) 节约建造成本

通常，当土木工程失去原有功能时，其物质寿命还没有结束，多数被废弃或闲置的土木工程仍然结构坚固，再加上土木工程空间高大、改造使用灵活的特点，故土木工程再生利用具有现实性、可行性并可节约大量的建造成本。

2) 节约基础设施投资

工业生产所使用的给排水、供电、供热、供气等设施，完全满足住宅、办公楼及商业服务性建筑的使用要求，故土木工程再生利用可充分利用既有的基础设施，减少市政投入，节约开发初期投资。

3) 缩短建设周期带来的效益

土木工程再生利用的建设周期比起新建同样规模、同样标准工程的立项报批手续简化、建设周期短，能够提早投入使用，从而提早获得经济效益，以发挥其经济价值。

首先，土木工程的基础设施在给排水、电力电信、燃气动力等方面的容量远高于一般的民用建筑。再生利用项目可以以原有的基础设施为依托，不用增加新的市政设施接口，只须在原有设施的基础上扩大容量、改变位置、改进设备即可，这有效减免了投资方和政府的前期投入。

其次，土木工程往往具有坚固、耐久的主体结构，结构受力简单明了，具有共性，便于安全可靠地进行改造。据统计，工程主体结构的建设成本约占总体开支的1/3，充分利用土木工程的结构特点加以改造，其经济效益不言而喻。以工业建筑为例，我国现存的工业建筑大都是建于 20 世纪 30～80 年代的单层、多层厂房和仓储用房。其结构大都为砖混、钢筋混凝土结构，有良好的耐久性。这类结构平立面规则，荷载的传力路线清晰，节点受力明了，为结构改造提供了必要的前提条件。另外，工业建筑的结构承载力比其他民用建筑的结构承载力要高，如楼面荷载，民用建筑一般在 $2.0～3.5kN/m^2$，而工业建筑则通常是民用建筑的几倍到几十倍。所以，工业建筑改为民用建筑时，工业建筑的荷载一般都能满足新的使用要求，这也是其他一般老旧建筑所不具备的优势。

最后，土木工程再生利用拆迁矛盾小，比起一般旧居住区的住宅拆迁矛盾来说，土木工程再生利用项目少了很多限制问题，不用安置拆迁住户，无须考虑居民的返迁补贴，可以快速改造，重新投入使用。另外，还节省了拆除原有建筑和清理场地的费用。

以上三方面的因素都同时有效地缩短了土木工程再生利用的建设周期，既节省了施工费用，又减少了贷款的利息支出，使土木工程再生利用具有成本低、见效快、投资风险小的特点。

3.3.2 引发区域投资热潮

社会经济的发展和城市人口剧增、城市化规模进一步扩张、城市土地的价格飙升是目前我国城市发展的基本现状。同时，因为城市产业结构的重新调整，即将废弃的土木工程项目所在区域的商业价值却在不断提升，引发了对其所在区域的一股投资热潮。

土木工程再生利用不仅可以使其商业价值得以实现，还可以在很大程度上促进所在区域的经济发展，影响该区域的产业结构，使其由原来单一的产业主体结构向多元化产业结构成功转变，增加该区域内的税收收入等。

土木工程的再生利用对经济发展具有促进和拉动作用，不仅因为它是一种新兴产业类型，更重要的是创意作为生产要素已成为推动经济增长的重要手段。进入知识经济时代后，创意产业的迅速成长已经成为发达国家和地区产业发展的一个突出趋势，同时，更值得我们注意的是，不少国家和地区政府都已把创意产业作为一个重要的战略产业，不遗余力地通过各种政策措施和手段积极推动创意产业的发展，以达到进一步提升国家或城市的综合竞争力的目的。土木工程再生利用与经济建设并不相悖，因为根据土木工程的特点和资源，政府可以为该产业发展创造条件，吸引社会资金投入到土木工程再生利用工作中，发展旅游服务和文化创意等适合区域特点的产业，将各种资源转化为经营资源，从而带动整个城市的经济增长，并为城市发展带来建设资金。传统的制造业对土地和资源有巨大的需求，随着城市不断发展，土地资源越来越短缺，当城市发展到一定程度时就会受到限制。而创意产业是一种知识密集型产业，它没有污染，消耗的物质能源很少，又能取得很大的效益。

纽约市苏荷区(SOHO)是土木工程再生利用与社区经济发展的典范。1973 年，苏荷区被纽约市文物局宣布为重点文物保护单位，这是纽约市的第一个属于商业区的古建筑保护区(图 3-12)。这项决定促进了该区商业的繁荣。在苏荷区，艺术家是最宝贵的资源，每一条街都有大大小小的画廊数家，欢迎人们免费参观。不懂现代艺术的游客也不妨走走，那里有许多经营家具、床上用品、家居摆设的特色小铺。许多著名品牌的服装都在这里开设了分店，如"维多利亚的秘密""路易·威登""伊芙·圣洛朗""普拉达"等。走累了，到对街的咖啡店要一杯咖啡，站在街头看看时髦的纽约人。在此走一趟，多少能把握一下世界时尚流行趋势。生意的兴隆，促使此地物业升值，租一间街面房每平方英尺($1\text{ft}^2 \approx 9.29\times10^{-2}\text{m}^2$)一年租金 100 美元。哥伦比亚大学建筑和城市规划学院的研究生做的一项调查发现，苏荷区居住的家庭平均年收入为 65169 美元，远远高于美国家庭的平均年收入(约为 25000 美元)，居民中有 76%从事艺术行业或者受雇于与艺术有关的行业。2005 年 11 月才投资运作的上海市静安创意空间，在 2006 年 6 月正式招商，短短 5 个月之内，六幢略加修饰的工业厂房就租赁一空。由此可见，创意产业的迅速发展也引发了对相应租赁空间的巨大需求，而且可以预见，未来几年内，创意产业商务租赁仍将维持稳定的需求增长。原有土木工程将继续成为投资者热衷的开发目标。这样一来，创意产业商务租赁不仅盘活了已经失去生命力的土木工程项目，也使政府获得了一定的财政收入。

图 3-12　纽约市苏荷艺术街区

处于城市中心(黄金地段)的土木工程项目,产业的发展是值得关注的重要问题。创意产业是土木工程项目向新经济转变的新理念,是解决城市从第二产业向第三产业过渡的最好途径。创意产业是服务产业中的新生力量,具有附加值高、经营灵活、经济价值高等特点,是服务业的新增长点。在城市中发展创意产业不仅符合科学发展观、建设节约型社会的要求,也能通过创意产业对转变经济增长方式、转变城市功能、实现二三产业融合、产业结构升级,起到催化推动作用。总而言之,创意产业发展是通过土木工程再生利用促进城市产业结构优化和升级的主要手段。

3.3.3　提高社会投资效益

土木工程再生利用提高社会投资效益的影响主要表现为改善民众利益和创造就业机会。

1. 改善民众利益

土木工程再生利用使周边民众的利益得到保障和改善,从而激发社会活力,增加和谐因素,提升民众的生活品质和幸福度。其影响主要从以下几个方面分析。

1) 对民众生活条件和质量的影响

土木工程再生利用对民众生活条件和质量的影响,主要包括对收入变化的影响、住房条件的影响、基础设施条件的影响、教育和卫生条件的影响等。

2) 对项目所在地区受益者范围的影响

比照原来受益者,土木工程再生利用扩大了受益者范围,受益者人数得到显著增加,除此之外,其也对受益者的受益程度有很大影响。

3) 对项目所在地区少数民族风俗习惯和宗教的影响

我国是由 56 个民族组成的大家庭,项目再生利用过程中要充分考虑民族地区的风俗习惯、生活方式、宗教信仰,若考虑不到,将会引起民族矛盾、宗教纠纷,严重影响民众心理稳定,以致影响社会安定。

2. 创造就业机会

就业影响主要在于土木工程再生利用对所在区域的就业结构、就业机会，以及地区收入分配的影响。就业结构和就业机会的影响有正、负两方面的影响。正面影响是指土木工程再生利用对增加就业机会和就业数量的影响。负面影响是指土木工程再生利用的同时使得原工业项目的工人下岗、失业，增加了项目所在地的失业人数。土木工程再生利用势必做到正面影响大于负面影响。

土木工程再生利用为城市创造就业机会方面的作用显著，一些发达国家和地区的实践已经有很好的例证。以伦敦的创意产业为例，2001 年，创意产业的总产值达 210 亿英镑，仅次于商业服务业。从就业来看，2000 年，创意产业以 52.5 万名雇员的就业量排在伦敦各产业第三位，其中包括在创意产业部门直接就业的人员和在其他产业从事创意型工作的人员。从发达国家及地区的发展趋势来看，创意产业的就业量还会持续增长。1977～1997 年，美国的创意产业年平均增长率为 6.3%，而同期整个经济的年平均增长率仅有 2.7%，到 1998 年，就业人数已超过 400 万人。在东亚国家的一些大城市，城市中心地区的服务业和创意产业也已经占据支配地位，而且研究学者认为，伴随快速扩张的城市富裕中产阶层需求的推动，中国、日本、韩国等东亚国家创意产业的发展速度将会更快。因此，创意产业是一个增长中的经济领域。据上海创意中心的调查分析，前三批 348 家创意产业集聚区总就业人数近 2.7 万人，如果 75 家创意产业集聚区入住率达到 100%，可以解决近 5 万人的就业问题。

土木工程再生利用对于解决我国城市再生面临的就业问题显得尤为重要。目前，我国大中专毕业生的就业形势逐渐严峻，而且这一问题还会成为未来我国面临的一个主要问题。如何解决这一问题，影响到我国城市再生的进程。土木工程再生利用项目可以产生强大的吸纳就业能力，将为这部分"高端劳动力"提供广泛的就业机会。因此，土木工程再生利用的发展将成为解决我国城市就业问题的重要途径。如一些老厂房、旧仓库，在经过产业结构调整后，原有的老厂房空闲下来，原来只能以低廉的租金出租给一些低端生产企业，难以吸引新的就业人员，但如果这些老旧建筑经过艺术家、设计师的再造，环境改良，改变了其原来内在的布局特色，就会有越来越多的具有创意的青年人愿意聚集到这里。

对土木工程项目进行再开发利用，对于增加就业岗位、缓解就业压力具有一定的作用。例如，北京焦化厂工业遗产保护区聘用原厂失业职工做导游，就地安抚失业工人，对社会的稳定起到示范作用，同时解决了部分原厂失业职工的再就业问题。又如，由土木工程改造而成的创意产业园，由于其建设资本较普通写字楼低，因此租金也较低，有利于鼓励刚毕业的大学生以及待业人群自行创业，增加社会税收。据对四行创意仓库经理的访谈得知，由于其租金较低，吸引了大批刚毕业大学生和社会待业人员自行创业，他们成为租户中的重要组成部分。再如田子坊的改造，在提升地区环境和人文品质的同时，向社会提供了 500 多个就业岗位，其中相当一部分岗位是面向已经退休或者接近退休的中老年人，在解决他们的生活来源之后，最主要的是帮助他们实现了自我价值，提升了自信。

思 考 题

3-1. 简述土木工程再生利用投资价值的内涵。

3-2. 土木工程再生利用的投资模式有哪些？各有哪些优缺点？

3-3. 建设规模的影响因素有哪些？

3-4. 投资收益的分析原则是什么？

3-5. 投资成本的影响因素有哪些？

3-6. 敏感性分析的作用是什么？

3-7. 土木工程再生利用投资价值有哪些表现形式？

3-8. 针对土木工程再生利用投资价值面临的瓶颈，有什么应对方法？

3-9. 除了本章提到的影响投资价值的因素，你觉得还有哪些其他影响因素？

3-10. 如何管理土木工程再生利用项目的投资利益相关方，实现投资价值最大化？

参考答案

第4章 土木工程再生利用文化价值分析

4.1 文化价值认知基础

4.1.1 文化价值的内涵

1. 文化

"文化"是一个宏观的概念，广义的文化是指人类所创造的一切文明成果，包括物质和精神两个方面。从物质、社会制度、政治经济及思想意识观念等层次和形态上综合地反映了人类的进步状态。随着文化与政治、经济互相交融的深入，文化的力量深切熔铸在民族的生命力、创造力和凝聚力之中。

文化是一个国家和地区软实力的外在表现，良好的文化氛围不仅体现了一个国家和地区的综合实力，也是人民凝聚力的体现。各地区的文化特色不仅能吸引全国各地的游客，也能创造良好的生活氛围。

土木工程作为一种建筑类物质实体，既承载了原设计年代的建筑需求和建筑审美，凝聚了设计者的设计手法、审美倾向和价值理念，又记录了其本身的发展历程。它身上的每一个元素似乎都在诉说着经历的辉煌和沧桑。通过对土木工程的再生利用，激活其蕴含的丰富内涵和生命力是土木工程本身文化价值的延续和传承。

土木工程再生利用是将具有城市记忆的房屋工程、铁路工程、道路工程、机场工程、桥梁工程、隧道及地下工程、其他工程等通过功能置换、介入当代艺术等形式，形成集展示、艺术创作、休闲交流等多种功能于一体的文化消费、旅游观光和生产生活空间，从而将废弃的土木工程或者因自身结构破坏不能继续使用的土木工程，转化成符合城市发展及使用过程中蕴含文化内涵的统称。

土木工程再生利用文化是一个复合性的概念，是再生利用体现出的土木工程全寿命周期的建筑文化、工艺文化、人本文化、企业文化、创新文化、绿色文化等既有的、可发掘的物质精神形态的总称。

2. 文化价值

文化价值可分为有形价值和无形价值。土木工程文化价值是凝结在土木工程中的一般人类劳动，是人类智慧的结晶和历史进步的标志，也具有有形价值和无形价值。其作为历史的产物，打上了时代的烙印，也是人们情感的寄托。

1) 有形价值

土木工程文化的有形价值主要体现在经济价值上，土木工程自身的经济价值体现在既有土木工程的区位环境、建筑结构可再利用，以及低密度环境上，土木工程原本所在的城市郊区随着城市的发展逐渐成为市区，因此往往具有优越的区位优势，且交通可达性强、配套设施相对完善。从土木工程本身来讲，其具有良好的基础设施、牢固的主体结构(图 4-1)，有些甚至具有时代特色(图 4-2)。与新建建筑相比，它具有建设周期短、资金投入少和成本回收快等特点。

图 4-1　牢固的主体结构　　　　图 4-2　具有时代特色的建筑风格

土木工程文化的有形价值，即意识到土木工程也具有文化价值，且将文化通过还原、放大等手段注入土木工程中后，其产生的经济价值与无文化价值的土木工程所创造的经济价值之间的一个差值。文化记载了既有土木工程内的工作人员和场地社区人民的奋斗史及精神风貌与习俗风情。土木工程文化被挖掘后，将其与土木工程本身融合，形成土木工程的文化特色。

因此，土木工程文化的有形价值，不仅能在经济上带来一笔可观的收入，而且将其注入土木工程之后，形成土木工程文化特色，也能改善城市形象，提升市民的生活品质，带来不可衡量的经济价值。

2) 无形价值

土木工程文化的无形价值主要体现为其历史价值、人文情怀，以及时代精神等。大跨型厂房、仓库、生产设备、特异的构筑物等工业建筑记载了工业社会和后工业社会历史的发展演变以及社会的文化价值取向，反映了工业时代的政治、经济、文化和科技的状况，使当时城市实体环境得以真实再现。因此，土木工程被描述为"城市的博物馆"和工业化时代的"实物展品"。其反映了城市某个阶段的生产技术水平。土木工程见证了城市的生命历程，积淀和凝聚着深厚的文化内涵，其文化价值可转化为宝贵的文化资源，对现代城市精神生活可产生多方面的积极影响。

工业化时期，城市的发展史与工业密切相关。工业主导着城市的进步和发展，城市的产业伴随着工业的发展而壮大。人们的生活和城市的面貌随着工业的快速发展而变化。工业建筑是城市文明历史最好的见证。作为时代的产物，土木工程记载了工业文明的发展历程，且其建筑风格、建筑材料、建筑结构等均展现了当时科学技术的发展程度以及社会文化的价值取向，因此，土木工程文化具有较高的历史价值。

土木工程文化的无形价值也在于：它凝结着特定时期的建筑文化、人文情怀，其特定的形象使生活在城市的特定人群的心理归属感和自豪感得到满足，它延续了城市的记忆，是我们认识历史的重要踪迹和线索。李铭涛说过："近代工业遗产就像一种跨越时代的文化载体和现代设计思想的容器，不仅有助于为子孙后代留下城市文化记忆，同时也可作为学习的范本。"土木工程的存在对于社会来说，可能只是一种时代记忆，但是对于在其工作过的员工来讲，那是他们人生足迹的展现，他们一生中最辉煌灿烂的岁月都是在这里度过的。人们对于土木工程的种种情感汇聚成了土木工程文化的无形价值，如图4-3和图4-4所示。

图4-3　华清学院图书馆

图4-4　西街工坊创意文化产业园鞋文化

3. 土木工程再生利用文化价值

土木工程再生利用文化价值是土木工程再生利用文化所蕴含的价值，即工艺文化价值、人本文化价值、企业文化价值、创新文化价值、绿色文化价值体现土木工程再生利用内涵的总称。

1) 工艺文化价值

工艺文化的保护是维持民族向心力和凝聚力的保证，是实现中华民族伟大复兴的前提。例如，随着城市经济发展、产业结构转型，出现了一批批旧工业建筑再生利用项目。工业园区见证了城市发展的变迁。工艺文化记录了生活的变迁，从晨曦到日暮，或工作或休息，一砖一瓦，一食一味。从石器时代到工业时代，从传统手工艺到机械工艺，每一件工艺品、每一种工艺文化都记载着特定历史时期的工业活动和生产生活信息。这些信息对于了解生产生活文脉的起源、发展、转型等方面的内容，具有不可估量的作用。因此，将工艺文化赋予到土木工程再生利用之中，有着深远的社会意义。

例如，青岛啤酒博物馆以青岛啤酒百年历程及工艺流程为主线，浓缩了中国啤酒工业及青岛啤酒的发展史。场馆的布置、场景的复原、设备的展示、工艺成品的展示都体现着工艺文化。啤酒在1903年引入我国，现如今，啤酒已经融入人们的生活当中。不仅仅在青岛，几乎在中国的每一个城市，都有啤酒的身影。每当我们到达一个新的环境时，都会与城市的地域文化、风土人情和生活习惯相接触。赋予了新概念的啤酒变成了城市的文脉、情感的纽带。青岛啤酒博物馆再现了啤酒的整个工艺流程，每年吸引许多游客参观，如图4-5所示。

(a) 青岛啤酒博物馆建筑

(b) 青岛啤酒博物馆工艺展示

图 4-5　青岛啤酒博物馆

2) 人本文化价值

人本文化价值，是指土木工程经历沧桑变化后，所沉淀下来的工业、企业或工人的精神和情怀。通过土木工程元素的承载和时代记忆的塑造，使其精神和情怀得以传承、延续。其中，标语、雕塑、场景等都是土木工程再生利用人本文化价值的体现。

例如，胶济铁路博物馆的前身是胶济铁路济南站旧址，现为一座反映胶济铁路诞生发展的专题性展馆。它分为胶济铁路的修建背景及过程、对山东社会经济发展的影响、风雨沧桑路、迈向新时代四个主题展区，以及济南两座火车站的前世今生、胶济铁路与历史文化名人、红色胶济、走过百年等四个专题展区。其中有多个活动场景的复原和原有大型设备设施及残件的陈列，将人们瞬间带回中国铁路艰辛困苦的发展岁月，并展示了人们百折不挠的进取精神。对其再生利用体现了深厚的人本文化价值，如图 4-6 所示。

(a) 原先的蒸汽车头

(b) 工作场景复原

图 4-6　胶济铁路场景复原图

3) 企业文化价值

企业文化价值，是指将土木工程在早期运行过程中或企业辉煌时期所流传下来的核心价值观、企业精神、企业制度等，与土木工程再生利用同时进行转型升级，使转型后的企业得到强有力的文化支撑，也使得建筑再生利用后保留历史记忆。

例如，丝联 166 创意产业园位于运河之畔，其前身是杭州丝绸印染联合厂(20 世纪 50 年代由苏联专家设计、德国人监工的浙江第一家锯齿形厂房，是杭州发展工业特殊历史时期的标志之一，至今还有许多旧机器被保留了下来)。在不破坏、合理利用的前提下，丝联 166 创意产业园应运而生。园区展板上，关于丝联 166 创意产业园的前世今生，不仅是对其历史的介绍，更是对其企业精神的宣传和弘扬，如图 4-7 所示。

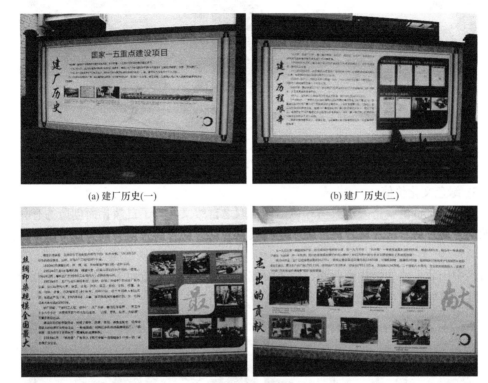

(a) 建厂历史(一)　　　　　　　　　　　　　　(b) 建厂历史(二)

(c) 建厂历史(三)　　　　　　　　　　　　　　(d) 建厂历史(四)

图 4-7　丝联 166 创意产业园企业精神宣传板

4) 创新文化价值

土木工程的出生、繁荣、消沉甚至没落，是一个社会的写照，所以，对土木工程的再生利用来说，既是机遇又是挑战。土木工程再生利用的新元素、新理念、新路径、新技术的植入，成为土木工程再生利用的新途径。这些创新文化可以表现在对土木工程再生利用模式的选择、命名形式的创新，以及设计表现的创新等方面。土木工程的创新不仅是时代发展的要求，也是自身发展的结果。

例如，厦门铁路文化公园在建成之前曾是鹰厦铁路延伸线的铁轨所在地。鹰厦铁路于 1955 年 2 月开建，1957 年 12 月建成。当时，这条厦门唯一的铁路打开了厦门迈进工业化的大门，在厦门交通发展史中也长久地存在于厦门人的记忆里。但随着厦门的发展，这条线路从 20 世纪 80 年代开始闲置，现虽已荒废多年，但在某种程度上，也保留了厦门"海陆空"交通发展的最初记忆。公园中保留了铁路信号灯，红灯上写了"贪"，绿灯上写了"廉"，具有强烈的现代色彩，体现了铁路再生中创新文化的价值，如图 4-8 所示。

(a) 正门   (b) 创意标识

图 4-8 厦门铁路文化公园

5) 绿色文化价值

绿色文化价值就是人类效仿绿色植物，取之自然又回报于自然，而创造的有利于大自然的平衡，有利于实现经济环境和生活质量相互促进与协调发展的文化价值，包括环境资源价值、经济建设价值、社会政治价值。例如，上海花园坊节能环保产业园，它位于虹口区中山北一路的繁华商业圈，由上海乾通汽车配件厂改造而来，属于集节能研发设计、建筑节能设计、节能文化传媒、节能咨询策略四大功能为一体的市级创意产业集聚区，如图 4-9 所示。

(a) 园区景观 (一)   (b) 园区景观 (二)

图 4-9 上海花园坊节能环保产业园

4.1.2 文化价值的特征

1. 多样性

在进行土木工程再生利用的过程中，各种类型的土木工程所具有的文化属性被挖掘出来，呈现出文化价值的多样性。如房屋工程再生利用所产生的建筑价值、铁路工程再生利用所产生的文化价值、桥梁工程再生利用所产生的美学价值等。各种类型的桥如图 4-10 所示。

(a) 程阳风雨桥　　　　　　　　(b) 普济桥　　　　　　　　(c) 众安桥

图 4-10　各种类型的桥

2. 地域性

文化会受地域性因素的影响，因而文化价值也具有地域性。例如，豫西地区是我国古文明的发源地之一，历史文化悠久，地域特色鲜明，民俗风情别致。据考证，旧石器时代，人类便在这个地域上进行活动。在这片土地上，传统文化开始生根发芽。中国人注重"家"，居住场所更是深受生活习惯、文化传统的渗透，体现出浓厚的地域特色与民族特征。窑洞民居是豫西地区的传统民居。

在豫西传统民居中，村落的布局和院落形式与豫西地域性气候、自然环境密切结合，形成了独特的传统村落格局；入口的设计则结合豫西村民的生活方式，表达了村民对宅院入口的独特理解；在建筑技术、建筑材料等方面也充分利用豫西特有的资源，形成了许多朴素、实用的理念和技术。

豫西窑洞深受地域文化影响，承载着古人对文化的向往与继承。豫西窑洞彰显着各个时期文化的变换与更迭，代表着儒家文化、道家文化与吉祥文化等。其文化也表现在窑洞建筑的形式与装饰艺术之中，底蕴深厚、源远流长。豫西窑洞如图 4-11 所示。

(a) 豫西窑洞 (一)　　　　　　　　　　　(b) 豫西窑洞 (二)

图 4-11　豫西窑洞

3. 传承性

土木工程再生利用不仅是对土木工程自身的改造，更是对其所蕴含的历史精神的传承。无论是供人们生活的房屋建筑，供人们工作的工业厂房，还是供人们交通的铁路、桥梁、道路等，都是所属年代社会生活发展的见证者，甚至土木工程的每一个本体要素都是一段故事。对土木工程进行再生利用，合理利用其既有资源，是对土木工程的保留，更是对其历史的延续。土木工程所特有的历史价值非常值得深入挖掘，它的文化价值将有形或无形地传承下去。

4. 独特性

不同功能、不同地区、不同年代建造的土木工程都有不同的特点，独特的外观造型、独特的结构形式、独特的装修、独特的用途都为土木工程的再生利用设计提供了思路。每一个土木工程背后的历史都不一样，土木工程的再生利用应充分利用其特点，不能盲目地照搬、照抄其他城市或其他项目的经验，具体分析、因地制宜，才能保证其独特性的价值充分发挥。滇越铁路芷村站改造如图 4-12 所示。

(a) 站牌　　　　　　　　　　　　　　(b) 车站

(c) 轨道 (一)　　　　　　　　　　　(d) 轨道 (二)

图 4-12　滇越铁路芷村站改造

4.1.3　文化价值的瓶颈

1. 文化理念的认知

土木工程通过功能置换、介入当代艺术等形式，形成集展示、艺术创作、休闲交流等多种功能为一体的文化消费、旅游观光和生产生活空间，将闲置和废弃的土木工程转化提升为城市中的新型文化载体。这是对城市的一种改善修补，是对该地区凝聚力和生命力的有效激发，有利于形成土木工程再生利用的文化氛围。良好的文化氛围为土木工程转型提供了坚实的基础，也为土木工程旅游开发创造了良好的外部文化氛围。现如今，土木工程文化也不断促进着旅游业整体的发展。

　　文化的价值并不仅仅孤立地存在于其所在的土木工程，它对于与土木工程有关的所有人物、古迹甚至衍生至今的庙会习俗都有潜在的联系。若毁坏一座有价值的历史遗留土木工程，就如同切断了整个城市的历史片段。反过来说，制定合理计划对土木工程进行有利维护，并适当更新，对于城市的文化、发展与延续都起着积极的作用和影响。旧工业单体建筑和旧工业园区景观如图 4-13 和图 4-14 所示。

　　　　图 4-13　旧工业单体建筑

　　　　图 4-14　旧工业园区景观

　　土木工程的文化价值体现在两个方面。一方面，体现在其有形空间实体上，如建筑、历史遗迹、历史环境、树木等的格局，这些属于"有形文化"。另一方面，老旧城区反映了土木工程的"非物质文化"。例如，土木工程包含各种文化内容，如人们的生活方式、城市商业文化、生活文化和信仰文化，它反映了人们的风俗习惯和价值观念。"有形文化"与"非物质文化"的结合，构成了土木工程的文化价值。特别是在当前经济全球化浪潮中，城市的文化区域特征和文化传统不断受到挑战和冲击，土木工程的文化价值更加突出。因此，保护土木工程是为了保护城市的文化遗产和公民的集体记忆，已经得到越来越多人的认可和支持。原工作场景和工作设备如图 4-15 和图 4-16 所示。

　　　　图 4-15　工作场景再现

　　　　图 4-16　工作设备

　　在文化价值方面，土木工程相当于文化遗址。它从城市面貌、生活条件和生活方式等方面反映了原项目某一历史时期的文化气息。可以说，土木工程是历史信息的载体，是城市传统文化的"标本"，也是一种宝贵的历史文化遗产。

2. 文化特色的体现

土木工程的再生利用不仅仅是单纯地修缮老建筑、兴建新建筑，而是更应重视人的回归、文化的传承保护。这是因为城市不单单是由建筑堆砌而成的。土木工程更加应该强调与传统文化的融合，改造之后依然能够保存居民的生活方式。恢复生态水平，这样才能使土木工程重新焕发生命力。

例如，哈尔滨老道外地区除具有中华巴洛克街区的特色建筑之外，还串联了其他的街巷空间，结合街区区位特点、传统文化特色和周围的相关产业，还会举办一些季度或年度、市民参与性强、低成本经营的文化活动。不但能够弘扬老道外的文化，而且创意性活动具有宣传作用，这种新老模式相结合的形式，在吸引老道外原住商户回归街区复兴传统业态的同时，还为街区引来了年轻人和公众媒体的注意。传统街区的再生目标在于"人的回归"：这包括了街区原有的"人"——原住居民及原商户，以及街区外部的"人"——游客、商户等。许多传统文化都蕴含在这些街区之中，不应只关注建筑本身而忽略了它们的存在。

文化是城市的灵魂。城市的文化不是一朝一夕就能形成的，它是经过千百年的积淀逐渐形成的当地居民所特有的生活方式。如果把城市比作人，那么建筑就是他的外在形象，而文化就是他的内在气质。城市的文化是城市自然的属性，所以从这个意义上说，城市承载着文化，而文化是城市的灵魂。

纵横交错的马路、鳞次栉比的楼房是我们对于现代城区的印象。其实城市更应是建筑艺术和文化的完美融合，建筑应该体现城区的文化和特色。城区里的建筑一旦失去了文化，便会成为缺少灵魂的空壳。

老旧城区的文脉在老旧城区的发展过程当中提供了强大的动力，体现着老旧城区的软实力。伴随着我国经济的发展和城市化的不断推进，以及人们生活水平的提高和信息技术的发展，精神生活和物质生产的联系更加紧密，所以文脉的传承保护一定会是当下和未来社会老旧城区发展的重点。目前，文化和经济出现了加快融合甚至一体化的趋势。在经济活动中，文化的作用越来越明显，而且在城市化进程中尤为重要。所以老旧城区要想健康发展，在关注经济建设的同时，一定也要重视老旧城区独有的文化。在如今千城一面的状态下，有自己特色文化的老旧城区才有魅力。将老旧城区外在形象与内在气质有机结合，才能使城市得到长久的发展。

图 4-17 和图 4-18 为哈尔滨中华巴洛克历史文化街区更新改造案例。对老旧城区的商业化改造只以经济利益为目的，或者仅仅对其进行盲目的硬件设施改造和制定过于理想的商业计划，都是不可持续的。由此带来的文化断裂、风貌丢失、空间利用效率低、业态经营不良、社会认同度不高的问题已经成为老旧城区改造的一种普遍现象。要深刻地认识文脉的传承作用，平衡文化和商业利益之间的关系，做好取舍，合理规划、安排街区，给予当地民众足够的尊重，这样才能使得历史街区有持续发展的动力，实现让人们回归街区，从而复兴历史街区风貌，再现老旧城区的繁荣与生命力。

图 4-17　中华巴洛克历史文化街区建筑　　　　图 4-18　中华巴洛克历史文化街区外部装饰

4.2　文化价值影响因素

4.2.1　设计理念

土木工程再生利用设计理念建立在"文化空间"实体要素的基础上，它对应于土木工程有形文化中的物质文化，是承载人类文化活动的空间结构节点，因此，它必然对应着某一具体的建筑景观、建筑造型、空间形态或一定的既有环境。文化空间既是土木工程再生的基础要素，也是文化资本得以循环与增值的场所，其本身是"空间意义阐释"与"文化价值生产"的复合体，见表 4-1。

表 4-1　文化空间组成因子

	组成因子	空间表征
文化空间	空间意义阐释	历史建筑的遗产价值(类型、风格、装饰)
		建筑形态的多样性
		文化景观的易读性
	文化价值生产	细密的再生空间肌理
		公共空间的数量与质量
		公共与私密的交互性与渗透性
		临街空间的活力性

1. 空间意义阐释

土木工程再生利用文化空间意义阐释主要由历史建筑的遗产价值、建筑形态的多样性和文化景观的易读性等方面组成。

其中，历史建筑的遗产价值作为空间意义阐释中最为重要的一项，对城市文化、历史的保护与传承具有重大作用；其次，对于维系城市群体对本土文化强烈的认同感也具有积极意义。文化遗产价值是土木工程被认识、发现、挖掘的起源，当其历史与艺术价值获得官方的认定之后，应将其作为历史建筑的"真实性表达"和修缮与再生工作的首要条件。这样的历史遗存可以是生产类的厂房车间、仓储建筑、工业工艺生产流水线、工厂大门等主体性的历史建筑，也可以是办公楼、住宅、水塔、污水处理池、运输铁路等具有"接触普遍性价值"的建筑，以及相关的记忆场所。历史建筑的遗产价值一方面需要对建筑的历史信息(建筑的类型、风格、装饰)有着充分的理解，将这些历史信息从层层叠加的物质结构中梳理并展现出来，另一方面需要重视那些承载了科技价值的历史事件和见证了时代发展的机械、器物等一系列非物质文化遗产。

土木工程文化空间的构建仅仅依赖历史建筑的遗产价值是远远不够的，也无法使其与城市中的历史遗产建筑区分开来。要使其成为公众能够认知和体验的历史建筑，则需要建筑形态具有多样性、文化景观保有一定的易读性。透过现实案例可以看到，在许多土木工程的文化再生过程中，现代感、时尚感、文化感都是非常重要的。在形体层面的建筑设计中，现代感的空间设计往往十分重要，其与历史建筑以包裹、穿插、叠合等多种方式共现，界定当下的功能存在；在建筑语言层面，对历史建筑的特征提取、转译、再现则是彰显文化的另一途径；在材料语言层面，空间改造一方面追随最新的潮流、运用创新材料，而另一方面则多以历史元素为核心来创作，强化新旧对话。

从心理学来看，文化与历史记录和传播的途径绝不仅仅依赖历史建筑，还依赖整体文化与历史的情景氛围，这些都离不开各种尺度的文化景观。在土木工程再生空间中设置特色化的公共设施、主题雕塑与小品等一系列视觉传递物品，有助于提升空间辨识度与人文内涵，促进人们在场所中的非正式交流，进而提升整个场所的文化品质。

2. 文化价值生产

土木工程再生利用文化价值生产主要由土木工程整体规模、尺度、肌理、公共空间等方面组成。

空间的"适度加密"与"局部清理"几乎都成为土木工程再生利用时的共同选择，但这种选择绝不仅仅以追求容量为目标，还追求再生空间的多元化与趣味性。同时，空间加密不完全以"共享性"的增加作为单一目标，而是以公共与私密的"交互性与渗透性"为目标。这是因为，盲目改造巨大而闲置的公共空间往往使得场所显得更为凋敝——具有文化效能的公共空间往往使得公共与私密活动获得互动并相互增益。

如果说土木工程中存在大量的公共空间，其文化识别较多地依赖公共景观以及公共活动组织中所蕴含的文化内涵，那么临街建筑则是文化活力"自然发生"最为密集的区域，也被人们视为最集中的界面。因此，围绕这些界面所组织的步行空间的层次、灵活度、可达性往往是异常重要的，并且这些空间直接关系到公共空间的数量与质量。

4.2.2　文脉传承

文脉传承主要受文化活动、文化意向两方面的影响。

1. 文化活动

文化活动是土木工程再生利用后，结合新功能与文化价值展开的活动，意在通过一系列的活动展示土木工程再生利用的前世今生，同时通过新功能进行相关的宣传活动，从而达到传递土木工程文化价值并为新功能增加运营多样性的目的。文化活动主要包括主体功能活动、衍生功能活动、社会公共活动，见表4-2。

表4-2　文化活动组成因子

	组成因子	活动表征
文化活动	主体功能活动	文化场馆的数量以及多样性
		空间容量的多样化、弹性
		中小文化企业所能承受的低成本工作空间
		文化发展机构以及中介公司的聚集
	衍生功能活动	社交功能实体的引入(如小剧场等)
		中小型、独立商铺(如咖啡厅、酒吧等)
		社区生活功能的引入
	社会公共活动	增加空闲空间以及夜间空间的使用频率
		接头市场的功能与规模
		节庆活动的定期举行

1) 主体功能活动

首先，从土木工程再生模式的确定来看，除满足空间的首要功能需求外(如商业、办公、居住)，保持场所用途的多样化与弹性是其成功的重要原因，也是主体功能呈现出文化价值的主要途径。区别于功能主导空间生成的设计逻辑，"旧瓶装新酒"的过程是一个逆向适配的过程。土木工程自身的空间特性在这一过程中起到了极大的限制作用，而保持空间的弹性则是为了适应文化活动的流变及其不同的空间需求。以文化创意园区为例，在众多的实际案例中，园区对公共文化设施的设置都十分看重，这些公共文化设施在园区中以会议中心、展厅、公共健身房、书吧、艺术咖啡厅等多样形式出现。这些功能的运营往往不能产生最大的经济效益，却能对园区的"文化孵化"起到重要作用。这些公共文化设施在园区中往往处于一个核心地位，或设置于园区中心位置，或以多而小的方式分布于不同组团之中，有时甚至在更微观的单体组团之中设置相应的"文化核"。此外，保持空间弹性的另一个重要原因是，中小型文化企业与文化个体在整个创意产业发展之中扮演越来越重要的角色。它们开放、分享，但抗风险能力低与大型文化企业或机构的自我中心、垄断、经济能力强等特征形成巨大反差。

其次，从机构设置的角度来看，能够支持并促进中小型文化企业或文化个体发展的中介机构往往是园区文化功能的重要一环。这些中介机构为中小型文化企业或个体提供资金补贴、租金优惠、融资渠道、人才供应等多方面的支持。

2) 衍生功能活动

设置配套的衍生功能同样也是促进文化活动形成的重要途径。因为一个场所要保持长效的空间活力仅靠主体性的功能是不够的，这种过度的、单一的功能至上主义，往往会因为功能积聚与职住分离的整体性编排而使空间多样性丧失，从而使其变得消极。而围绕社会交往所设置的衍生功能变得极为重要。

衍生功能之所以能够促进社会交往，是因为其能够在工作与休闲之间、园区与社区之间的互动上产生积极的作用。更具体地来看，其中包括：①对一些社交功能实体的引入，如公共会客厅、公共食堂、小剧场、展厅、公共多功能会客厅、众创空间等，这些功能使得园区内的个体能够因为空间的共享性而产生交往；②在空间中一定会设置适量的中小型、独立商铺，如咖啡厅、酒吧等，而这类辅助功能的引入一方面可以最大化局部空间的商业价值，另一方面则可以使人们在工作空间与休闲空间之间取得足够的互动；③对一些社区生活功能的引入，如运动空间、早教机构、医疗保健机构等，因为文化空间本身的文化产品不仅仅要被生产出来，更重要的是被传播、销售出去，而与邻近社区居民的密切交往，不仅能够有效提升文化空间的活力，还能最大化利用文化空间的效率。

3) 社会公共活动

从空间的运营角度来看，除维持场所中文化的生产性活动之外，如何促进场所中文化社区的形成及其与周边社区的融合变得异常重要。因为只有在此种网络氛围中，文化活动才会更加自主地发生，并激活文化活动自身的共享性、创新性等特征。于是定期举行的各类节庆活动、文化市集、夜间活动等，与日间生产错时发生或者空间上交错发生的文化活动，均能够有效推动艺术社区的生长，并在一定程度上加速其与周边社区的融合。

2. 文化意向

文化意向是文化价值的主要要素，赋予人们特定的身份认同，它对应于无形文化中的精神文化，具象为土木工程再生利用后个体在文化空间与场所内产生的情感维系与潜在记忆，因此它必然对应着人们某一具体的行为、直觉、情感等体验与感知。依据土木工程文化意向的不同来源，将其分为空间游览文化意向、历史感触文化意向、公众体验文化意向三部分，见表4-3。

表4-3　文化意向组成因子

	要素组成	意向表征
文化意向	空间游览文化意向	路径(土木工程失控序列的重新排序)
		边界(主题单元的编排)
		区域(场所连续性的重新建立)
		场所
		标志物(空间导向与昭示性)
	历史感触文化意向	对场所历史、进程等集体记忆的表达
		对场所个性、身份的塑造
		文化细节的知识性与丰富性
	公众体验文化意向	空间的非常规利用及创新活动
		社会网络活动与文化氛围的营造

1) 空间游览文化意向

土木工程再生文化意向首先是空间游览产生的文化意向。如同凯文·林奇在《城市意象》一书中所言，人们透过路径、边界、区域、节点与标志物的要素来感知城市。而在一个再生的土木工程中，人们依旧需要通过这些要素来识别其作为一个完整的文化场所存在。人们通过对场所中不同元素的感知，来形成连贯和可识别的场所意向，创建心中对于场所的心智地图与理解框架。在这一过程中，人们通过个人的、碎片化的行动与阅读，获得了文化空间的知识与身体体验。

2) 历史感触文化意向

土木工程再生文化意向很大一部分源于其中的历史感触，而这个部分反映了更为宽泛的文化过程、价值观、身份等要素之间的"化合作用"。伴随着时间的推移，具体的事件、地点的意义会纷纷呈现，场所开始越来越多地叠加了社群、团体、社会的记忆。这种文化意向通过对历史的感触、对各类带有历史信息的物质遗存进行转译表达，从而使受众能够从这些空间阅读中获取来自历史的信息，识别场所的特质。

3) 公众体验文化意向

土木工程再生文化意向很重要的一部分来自有组织的或非个人的文化行为制造的新的文化场景，这些新的文化场景通过新建筑、公共空间等途径来发现活动，由此创造出新的使用用途，继而挖掘与场所之间全新的情感联系。文化行为往往通过一些潜在的、非正式的网络或者协会来进行空间活动，这些活动往往与空间主体功能平行而置，互不干扰甚至互相增益。

4.3　文化价值表现形式

4.3.1　保护历史文化价值

1. 文物价值保护

中华民族拥有源远流长的民族文化历史，保护这绵延不息的优秀文化是每一位中华儿女应尽的义务与责任。但目前在文物保护方面仍存在较多问题，包括全国古城风貌千篇一律、文物保护方式过于肤浅、盲目恢复历史遗迹等。因此，在经济快速发展、新型城镇化步伐不断加快的今天，文物事业在发展进程中仍面临着保护与发展反复博弈所带来的挑战。土木工程不仅是社会发展的缩影，也是展现历史文化的重要载体，那些具有较高文物价值的土木工程属于文化遗产范畴，同样具有不可再生性，是物化了的人类文化。文物作为一种难以复生的宝贵稀缺资源，是留给后代子孙的礼物。这份礼物不仅能够展示传统文化，还承载着几千年我国传统文化的思想精华与道德精髓，更蕴藏着以爱国主义为内核的民族精神、以改革创新为内核的时代精神。但是由于缺乏直接的经济价值，很多具备文物价值的土木工程被拆除、损毁。通过土木工程再生利用文化保护传承的方式，能够更好地保留、保护土木工程的文化价值。青岛啤酒博物馆和 1889 文化创意产业园如图 4-19 和图 4-20 所示。

图 4-19　青岛啤酒博物馆

图 4-20　1889 文化创意产业园

2. 既有资源利用

以土木工程再生利用中实践项目最多的旧工业建筑再生利用来说，工业建筑通常结构坚固，普遍具有较长的使用寿命。然而，大部分工业建筑闲置时并没有达到其使用年限。通过整合分析国内 30 个城市 148 个调研项目的信息(图 4-21)可以发现，如果按一类工业建筑平均耐久年限 100 年计算，则旧工业建筑改造时建筑剩余使用寿命约为 64.1 年；如果按二类工业建筑平均耐久年限 70 年计算，则剩余使用寿命约为 16.1 年。由此可见，旧工业建筑在废弃时还有较长的剩余使用寿命，如果一味拆除重建，将对国家财产造成很大损失，且不符合国家倡导的绿色节约理念。

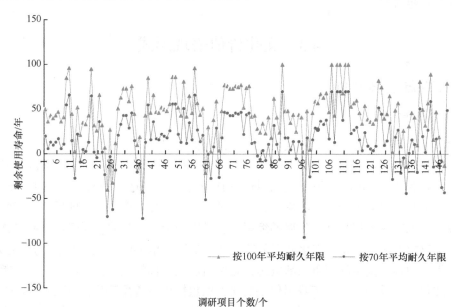

图 4-21　旧工业建筑剩余使用寿命

土木工程再生利用的核心之一就是对土木工程文化的 "改造再利用" (adaptive reuse)。通过合理的文化传承和文化建构方式，对蕴含丰富文化价值的建(构)筑物、设备设施、道路、景观等既有资源进行整合与再生，挖掘并赋予其再生文化价值，不仅保留了这些历史印记,更是节约了多项资源。因此,通过土木工程再生利用的文化价值挖掘,不仅能充分发挥建筑物的作用,还能够积极响应建设资源节约型社会的倡议。在这样的背景下,将土木工程再生为文化产业(图 4-22)已成为城市发展中的共识。

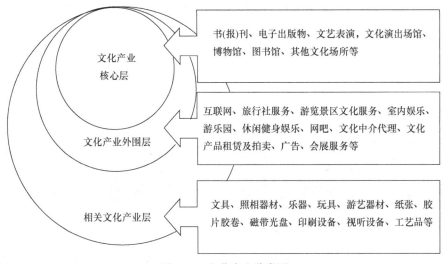

图 4-22 文化产业分类图

4.3.2 提高居民文化素养

1. 提升城市内涵

在城市国际化发展的过程中,各个城市都应拥有自己的个性。这种个性并不能仅仅通过打造特征鲜明的标志性建筑来实现,而是需要独特的文化、生产力及消费模式去营造。

上海相关城市总体规划的出台,为上海土木工程文化保护利用提供了有力的依据,自此上海涌现出大量土木工程再生利用项目,使上海这个国际化大都市同时展现出现代化的时代感和历史积淀感。如由上海汽车制动器厂的老厂房改造成的上海 8 号桥(图 4-23),以及前身为上海油脂厂、位于上海市黄浦区中山南路 505 号的上海老码头(图 4-24),开启了城市中心旧厂房的系统和商业化改造这一全新商业形态和运营模式。

图 4-23 上海 8 号桥

图 4-24 上海老码头

另外，以无锡、南京、苏州为主的历史名城，为了提高城市的文化底蕴、丰富其历史内涵，政府制定了大量再生利用的鼓励和优惠政策。按照"护其貌、显其颜、铸其魂"的原则进行土木工程再生利用的文化保护传承和文化建构，杜绝粗暴的大拆大建模式，追求对土木工程进行有机更新，从而保护城市历史、提高城市内涵。南京 1865 创意产业园和苏州 989 文化创意仓库如图 4-25 和图 4-26 所示。

图 4-25　南京 1865 创意产业园　　　　　图 4-26　苏州 989 文化创意仓库

随着城市特质逐渐消失，城市发展景观日益趋同，对土木工程的文化传承可以为场所特征的塑造和城市区域景观特色提供契机，还可以丰富城市建筑景观风貌，提高城市本身的辨识度。

2. 响应心理需求

土木工程是表现传统、传承文化及增强民族记忆的重要工具之一，不仅见证了城市的历史，更是人们精神和情感的寄托。而土木工程文化传承响应了人们的心理需求，带给市民更多的是对原项目的归属感与自豪感。

归属感是人类基本的情感需要，作为曾经时代发展的象征，土木工程记载着城市发展的历史脉络，这导致其固有的环境和场所文化能够轻易唤起人们的回忆和憧憬，而人们置于其中，同样也会由于个人经历产生强烈的认同感和归属感。研究显示，接触年轻时的环境、事务，会让人产生重返年轻的错觉。哈佛大学心理学教授 Ellen J. Langer 及其团队通过实验指出，老年人接触年轻时生活的环境，会更加积极、有活力，包括智力、体力都有一定程度的提高；同时，有研究认为，怀旧消费与缓解焦虑情绪呈正相关，可以通过回顾过往的美好事物来缓解内心的焦虑和孤独。

土木工程再生利用文化价值建立在对建筑风格、历史痕迹、工艺设备等的保留、维护和整合的基础上，土木工程再生利用项目能够对工业文化、时代文化进行凸显和表达。发掘利用土木工程具备的文化，通过再生时相应文化的合理表现，形成怀旧文化氛围，能够为高压人群带来积极的心理慰藉效应。例如，原项目当年工作场景的复原能够给人带来心理上的慰藉，如图 4-27 和图 4-28 所示。

图 4-27　大华 1935 场景　　　　　　　图 4-28　丝联 166 创意产业园场景

　　跟随着社会建设的步伐，土木工程逐渐进入人们的视野，并受到广泛关注。这些存留在城市间的土木工程代表了一座城市的发展历程，是人们印象中的重要内容。土木工程以它独特的魅力，使得那些在原项目中工作的职工产生由衷的自豪感。当时在原项目中工作的职工对企业有一定的依附性，特别是改革开放前的国有企业。企业不仅可以给予个人各种福利，还可以代表个人的身份、政治地位等。例如，在中华人民共和国成立初期，若能进当地的国有企业工作，是一件令人羡慕的事情，是人们眼中的体面工作。个人的工作热情、奋斗精神对当时整个社会产生的影响力、号召力，形成了生产领域的"明星效应"。例如，劳动模范王进喜被誉为"铁人"，王进喜的很多经验做法形成了油田的规章制度。由此，个人产生了浓烈的自豪感，个人的力量对企业的积极影响，既包含重要的历史人物对企业的绝对影响意义，同时包含普通个人对企业发展的推动作用。

4.3.3　彰显区域文化魅力

1. 彰显城市活力

　　伴随城市经济的稳步增长，城市形象及风貌的塑造已经成为各大城市进一步发展追求的目标。通过土木工程再生利用的文化传承和文化建构，在原本厚重单调的土木工程之上，衍生出各种富有活力的功能模式和特色风貌。具体的案例将城市的文化素养、创新能力具化地展现在人们的视野中，有力地彰显出城市在新时代背景下的年轻活力，完美地实现城市的历史厚重感和现代感的统一，如上海 1933 产业园(图 4-29)和福大怡山文化创意园(图 4-30)。

图 4-29　上海 1933 产业园　　　　　　　图 4-30　福大怡山文化创意园

同时，对于那些曾经支撑城市发展的核心企业，再生利用时也可以有的放矢地通过文化建构去挖掘、放大其文化气质，从而成为记录城市历史、标榜城市特质和精神文化目标的新地标。

2. 带动区域经济

利用文化传承和文化建构的方式，将土木工程再生为文化产业载体，吸引更多消费群体的同时，也能带动周边经济效益的增长。

就旧工业建筑再生利用而言，我国城市发展的现状是以城市化规模扩张为主，突出表现为土地价格飙升，导致旧工业厂区所处地区的商业价值迅速提升。且旧工业厂区本身就具有占地面积大、建筑层数少、空间开阔等特征，这些都扩大了旧工业建筑空间在开发时的无穷潜力。通过改扩建等多种方式将其空间容量最大化并适当改善其功能结构。一大批老厂房通过再生利用成为商场、餐厅、博物馆、展厅、酒吧等投资回报率较高的建筑，不仅提高了自身的经济效益，更通过吸引的客流带动了区域经济的发展；此外，基于旧工业建筑再生利用文化的保护传承，能够引导一系列以文化创意为内核的旅游资源、文创产业的开发。以文化的活力提升旅游项目、旅游产品、旅游节庆等的吸引力和增值率，如设计游客参与制作的服务、推行体验型文化消费、邀请民间艺术家或当地民间艺人进行现场表演等。旧工业建筑再生利用文化传承和文化建构通过上述方式形成完整的产业链，互相促进、共同发展。

我国在这方面已有不少成功的尝试，如北京 798 艺术区(图 4-31)、上海田子坊(图 4-32)均由废弃的工厂作坊改造而成，在对区域文化价值进行保护传承的同时，提升了区域品质和价值，带动了周边经济发展。例如，上海田子坊于 2000 年经街道办事处打造，通过发展创意产业的方式盘活资源，并提供了大量就业岗位。当时，有 18 个国家和地区的艺术设计人士参与，利用"田子坊"老厂房资源招商，将六家老厂房改建成总面积为 15000m² 的园区，截至 2017 年调研时，已入驻百余家单位。2015 年国庆，电子屏监测显示田子坊原本 600 户规模的里弄中，全天游客人数超过 5 万人。如此大的客流量，同时也带动了周边经济的发展，有效促进了区域经济的改善。

图 4-31　北京 798 艺术区

图 4-32　上海田子坊

思 考 题

4-1. 文化价值的含义是什么?

4-2. 土木工程再生利用文化价值的含义是什么?

4-3. 土木工程再生利用文化价值的分类是什么?

4-4. 举例说明文化价值的有形价值有哪些。

4-5. 举例说明文化价值的无形价值有哪些。

4-6. 土木工程再生利用文化价值的特征是什么?

4-7. 举例说明文化价值的地域性。

4-8. 土木工程再生利用文化价值的影响因素有哪些?

4-9. 土木工程再生利用文化活动都包括哪些?

4-10. 土木工程再生利用文化价值有哪些表现形式?

参考答案

第5章 土木工程再生利用生态价值分析

5.1 生态价值认知基础

5.1.1 生态价值的内涵

1. 生态

生态一词源于古希腊，原意指"住所"或"栖息地"，现在通常是指生物的生活状态，指生物在一定的自然环境下生存和发展的状态，也指生物的生理特性和生活习性。简单地说，生态就是指一切生物的生存状态，以及它们之间和它们与环境之间环环相扣的关系。生态的产生最早也是从研究生物个体开始的，如今，生态学已经渗透到各个领域。当然，不同文化背景的人对生态的定义会有所不同。多元的世界需要多元的文化，正如自然界的"生态"所追求的物种多样性一样，以此来维持生态系统的平衡发展。

2. 生态价值

生态价值是指哲学上"价值一般"的特殊体现，是人与自然环境关系的哲学范畴。它是指生态环境对人和人类社会生存发展的意义，是人类社会多样性价值体系中重要的价值标尺之一。党的十八大提出，把生态文明建设作为我国的发展战略性任务之一，标志着我国的中国特色社会主义现代化建设进入了一个更高的发展阶段。本章旨在探讨生态文明在土木工程再生利用中的体现，解析我国土木工程再生利用的生态价值。

3. 土木工程再生利用生态价值

土木工程再生利用生态价值指的是在满足新使用功能的前提下，最大限度地尊重自然、顺应自然和保护自然环境及其要素的自在价值、使用价值和审美价值。

土木工程再生利用生态价值的研究目的有两个方面：一方面，促进既有建筑的生态化，使其与人、社会、自然协调发展，完善土木工程生态系统的结构和功能，从而最终实现人与自然的和谐发展；另一方面，减少新建建筑对原有自然生态系统的破坏，力图促使被破坏的自然生态系统得到恢复，充分利用既有的材料、能源和土地等资源，使再生利用的土木工程与其周围环境协调一致，在满足人类生存发展需要的同时，也满足其他生物的生存和发展需求。

4. 理论与方法

1) 人地关系理论

伴随着人类社会的发展和进步，人类社会活动与地理环境之间的相互关系始终处于变化之中,不断向纵深进化,这种不断变化的关系称为人地关系。从系统的角度来看,人地关系是由人类活动和地理环境这两个各不相同但又相互联系、彼此渗透的子系统构成的复杂系统,既包含人类活动对地理环境的适应、利用和改造,也包括地理环境对人类活动的影响和反馈。在这个系统中,“人”并不是指单个自然状态下的人,而是社会性的人,是多层次的人类活动主体;“地”则是由自然要素和人文要素按照一定规律,有机结合构成的多功能地理环境整体。人地之间的客观关系可以从两个层面进行探讨。

第一个层面是人类的生存问题。土木工程作为生存的物质基础和活动空间的角色从未改变,人类的生存依赖于地理环境,这种依赖程度取决于人类对地理环境的认识和利用能力的变化;一定范围的地理环境的承载力是有限的,只能容纳一定数量和质量的人类和一定形式的人类社会活动。

第二个层面是土木工程人的生存与自然环境之间的协调发展问题。人地关系的协调与否取决于人,但这并不意味着人类可以完全地、随意地支配地理环境。人类在利用和改造地理环境的过程中,需要主动并自觉地遵循自然规律,以此约束人类活动,达到人与地和谐共处、持续发展的目的。人地关系具有丰富的内涵,不仅涉及人与土地综合体的关系,人与人、人与社会等多个层次的关系也被纳入其中,它们共同组成了人地关系地域系统。

2) 系统理论

系统理论是研究系统的结构和功能演化规律的科学,其核心思想是把研究对象作为一个系统,从整体的角度揭示各系统、要素之间的相互关系和内在规律。系统理论认为,系统具有一定的层次和结构,是由多个要素组合而成的有机整体,各要素相互影响、相互制约,整体大于各要素之和。系统具有整体性、层次性、动态性和开放性等基本特征。一是整体性。土木工程系统内部各要素之间、各子系统之间相互关联和相互制约,组成了不可分割的一个整体,任何单一要素、单一子系统的变化,都会对其他要素甚至整个系统产生影响,正所谓牵一发而动全身。系统的整体性还表现为系统的整体性质、功能大于各要素的性质、功能之和。系统的整体性要求人们在观察和分析问题时,不能只看问题的一方面,应从全局上考虑问题。二是层次性。土木工程系统由各个子系统组成,子系统又由各要素组成,而要素又由次一级子系统构成,以此类推,形成了不同质态、不同等级的多个分系统,根据时间、空间、数量的不同,可划分为多个类型的层次和结构。三是动态性。土木工程系统本身及其外部环境无时无刻不处于动态变化之中。系统的动态性要求人们以发展的眼光看问题,不能只停留在问题的眼前,应着眼于事物的长远发展。四是开放性。土木工程系统都处在一定的环境条件下,系统与外部环境相互作用和影响,时刻进行着物质、能量和信息的交换。

3) 生态承载力理论

生态承载力是指在一定时间和空间范围内,生态系统的自我调节功能不被破坏的前提下,为维持人类生存和人类发展所能提供的资源支撑和环境容纳能力,是生态系统整体水平的表征。

土木工程生态系统概念包括了两层含义:一是维持土木工程生态系统自身健康的自我调节能力,以及资源供给和环境容纳能力;二是土木工程人类活动和社会发展承受的生态系统压力。前者为生态承载力的支持部分，后者为生态承载力的压力部分。若支持部分大于压力部分，意味着生态承载力在承受范围之内，生态系统处于稳定、有序状态；反之，则意味着生态承载力超出了承受范围，生态系统处于失衡、无序状态。土地生态安全研究应结合生态承载力理论，深刻认识到土地生态系统的承载能力是有限的，不仅表现为土地资源、水资源等各种资源和能源的有限性，还表现为容纳环境污染能力的有限性。因此，人类不能无节制地向土地生态系统索取资源和服务，人类活动的强度不能超过土地生态系统的承受范围，即承载阈值，否则，将造成土地生态系统的结构失衡和功能退化，引发严重的土地生态问题，而最终自食其果的将是我们人类自身。

5.1.2　生态价值的特征

土木工程再生利用应充分考虑其对自然环境的适应和影响，以及建筑与自然环境之间物质能量的交换。生态价值是土木工程与生态环境之间相互作用的生态系统所发挥的价值。因此，土木工程再生利用生态价值包括以下几个特征。

1) 共时性

土木工程是通过技术和材料构建而成的典型的人工环境，是用以满足人类各种生存需求的功能空间。各种建筑设计手法和技术手段以及自然环境的高度集成都是实现生态价值的必备条件。随着时间的变迁，人们对于建筑环境的功能性和舒适性要求也发生变化，再生利用的设计理念和技术手段也随时发生改变，其生态价值也同步发生了变化。因此，土木工程再生利用生态价值具备适时的时代属性，是特定社会背景和技术理念下自然地理要素、社会经济要素、建筑技术要素、历史文化要素等因素的共时性体现。

2) 整体性

土木工程再生利用生态价值是由各个要素及组分共同构成的统一整体，它同外部自然生态系统和其他建筑系统间进行着物质、能量和信息的传递与交换。与此同时，内部的各个生态因子也通过物质流、能量流和信息流相互影响着。然而，单一的生态因素无法真正地体现其生态价值。因此，土木工程再生利用生态价值体现的是整体性的生态效果，它凌驾于各部分生态价值的效益之上。

3) 协同性

土木工程再生利用大多侧重于将各种先进的技术手段和设施附加于建筑本体上。虽然实现了一定的生态价值，但过分突出某部分的生态价值，而弱化与其他生态要素的协同配合，则会破坏整体和谐。因此，土木工程再生利用时应结合当地气候特征、地域特色和可再生能源等方面做出综合考量，使它们协同作用，预估其间的复杂联系和不确定性因素，实现土木工程再生利用生态价值最大化。因此，土木工程再生利用的自组织和协同合作是实现整体生态功能和生态价值的必由之路。

4) 互惠性

土木工程保护人类不受周围自然环境中各种不利因素的威胁，同时人类也通过土木工程与自然生态系统进行物质、能量和信息的交换。因此，土木工程是人类与自然生态环境之间的媒介系统。土木工程生态化的再生利用不仅满足人类自身的需求，而且维持了自然生态系统的结构功能稳定与平衡，达到了人、土木工程和自然生态系统互惠互利的良好效果。

5.1.3　生态价值的瓶颈

1. 生态意识薄弱

生态意识是指人类社会在长期利用自然的过程中，作为主体的人类对作用于自然界的各种实践活动及其产生的后果的一种反映和认识，它是人类社会和自然界关系发展到一定阶段的必然产物。生态意识可分为生态文明的生态意识和非生态文明的生态意识。前者表现为生态忧患意识、生态伦理意识、生态价值意识、生态科技意识和生态审美意识。后者表现为资源无限论、环境无价论、唯 GDP 论。本章所研究的是生态文明中的生态意识，它倡导人与自然和谐平衡地发展，主张自然、社会、经济协调统一地发展，把节约资源能源、治理环境、维护生态平衡作为经济社会发展的重点。简言之，应正确理解人在自然界中的地位和作用，使人与自然协调发展。

然而，制约土木工程再生利用的生态因素首先是民众的生态意识薄弱，包括政府人员、从业人员和其他利益相关者，其中政府人员和从业人员的生态意识尤为重要。政府人员是经济和社会发展的领军者，他们的生态意识和发展观念直接决定了一个地区的发展方向。经济发展与生态保护是一对矛盾综合体，经济发展的任何动作都会对自然生态产生影响。建筑行业作为城市经济发展的助推器，对 GDP 的贡献是显而易见的。如何实现土木工程再生利用与生态保护之间的平衡，政府人员应首先提高自身的生态意识，转变发展观念，在保护生态环境的前提下谋求城市建设的再生利用。其次，从业人员也是非常关键的角色，包括建设开发人员、规划设计人员、施工人员、科研机构人员等。从业人员的生态意识水平对土木工程再生利用生态价值的实现有十分重要的影响。

2. 建造成本较高

一般对建造成本的理解停留在建设阶段，多指开发建设的成本费用，较少涉及后期运营阶段和环境治理的费用。相较于新建建设工程，土木工程再生利用项目更多地考虑包含经济、环境和社会成本在内的综合成本，是一种全寿命周期性质的成本，即要对产品从加工制造到废弃分解的全过程进行全面的环境影响分析和评估，并找出改善的途径。力求降低全寿命周期成本，是土木工程再生利用项目生态价值的体现。然而，土木工程再生利用的建造成本是否低于新建建设工程，仍然在普通民众的认知中存疑，这对再生利用的发展是很不利的。同时，土木工程再生利用属于市场行为，受地方经济规模、行业发展情况等多种因素影响，是否进行再生利用，也会在决策时受到多方制约。

3. 核心技术缺乏

土木工程再生利用技术不是独立于传统建筑技术的全新技术，而是用"生态"的眼光对传统建筑技术的重新审视，是传统建筑技术和新的相关学科的交汇，是符合可持续发展战略的新型建筑技术。

目前国内针对土木工程再生利用技术的推广已逐步开展，但自主研发的生态建筑核心技术较少。德国在 1977 年的时候，建筑每平方米耗电能是 300～400kW·h，目前做到了每平方米 98kW·h，较低时可以做到 50kW·h，甚至可以做到 30kW·h。而我国，如北京的能耗水平仍然停留在每平方米 50kW·h 的水平线。而且我国建筑节能技术主要以国外引进为主，自主研发的仅占 15%。总的来说，我国土木工程再生利用生态核心技术缺乏，现有的一些新型材料和新技术的结合使用也缺乏与环境的统筹考虑、缺乏系统性的实践。这些都导致了节能技术在实践过程中无法有力推进再生利用项目的发展。

4. 政策支持欠缺

在推动土木工程再生利用发展的进程中，我国虽然已经制定了多项法律法规，也出台了部分经济激励政策，但这些政策措施的配套性和实施性仍然存在诸多不足。同时，关于土木工程再生利用生态方面的经济激励政策远远不够，在市场机制的经济背景下，开发商难以自觉投入资金进行维护和建设。简言之，在土木工程再生利用发展过程中，由于缺乏具备法律效力和实操性强的检查依据和标准，项目远未达到既定的生态目标。因此，政府支持的力度也是制约土木工程再生利用生态价值的原因之一。

5.2　生态价值影响因素

再生利用项目遍布全国多个城市，而各地区的经济、文化、地理环境，以及相应的政策法规多有差异，所以影响项目再生利用生态价值的特征因素多而复杂。本章遵循科学性、系统性、独立性、代表性、可行性，以及可量化等基本原则，并结合土木工程再生利用的本质特征，对影响土木工程再生利用生态价值的特征因素进行设定。设定的土木工程再生利用生态价值的影响因素共有四类，即耗能问题、用水问题、耗材问题、用地问题。

5.2.1　耗能问题

1. 太阳能的充分利用

我国南部地区拥有丰富的太阳能资源，它是高效的可再生能源。因此，在土木工程再生利用中，植入太阳能系统是一个非常好的节能手段。太阳能利用主要是通过光电板等设备将太阳的辐射热收集起来，通过相应的技术手段将其转换成其他能源形式，如电能、热能、化学能等。土木工程再生利用时，要考虑太阳能与建筑的一体化设计。一般在建筑的围护结构上铺设光伏设备，或直接将光电薄膜作为建筑表皮，其产生的电能直接供一部分设备使用。光伏设备的布置方式直接影响太阳能的接收效率，因此在设计时，应根据建筑的位置、日照条件，以及建筑外表面的形体等选择一个最优的布置方式。

在土木工程再生利用时，太阳能设备作为建筑构件的一部分，既能起到节能环保的作用，又能节省造价。现阶段土木工程再生利用中太阳能的利用方式主要有以下几种，具体内容见表 5-1。

表 5-1　土木工程再生利用中太阳能的利用方式

类型	特点	要点	图示
场地一体化	将太阳能设备设置在场地中或与场地的景观结合起来设置	满足日照要求,避免遮挡,选择最佳朝向设置,不影响周边环境	
屋面一体化	由于屋面接受阳光照射最为充足,遮挡较少,将太阳能设备置于屋顶上	选择合理的朝向,采用太阳能光电板作为屋面板时,要考虑保温隔热和防水等要求	
表皮一体化	将太阳能光电板作为建筑表皮贴在建筑外墙上	建筑外墙较宽,建筑色彩应与光电板协调一致,注意放风,合理选择朝向	
构件一体化	将太阳能光电设备与建筑外构件结合在一起	注意建筑整体形象,避免遮挡,应与建筑合理衔接	

2. 地源热泵的高效利用

为了维持土木工程的环境质量，在寒冷的季节需要取暖以提高室内的温度，在炎热的季节需要制冷以降低室内的温度，干燥时需要加湿，潮湿时需要抽湿，而这些往往都需要消耗能源才能实现。从节能的角度讲，应提高供暖(制冷)系统的效率，包括提高设备本身的效率、管网传送的效率、用户端的计量效率，以及室内环境的控制装置的效率等。在土木工程再生利用中，首先，根据建筑的特点和功能，设计高能效的暖通空调设备系统，如热泵系统、蓄能系统和区域供热系统、供冷系统等。其次，在使用中采用能源管理和监控系统监督和调控室内的舒适度、空气品质和能耗情况。例如，通过传感器测量周边环境的温度、湿度和日照强度，然后基于建筑动态模型预测采暖和空调负荷，控制暖通空调系统的运行。

为降低建筑在使用过程中的能耗，要求相应的行业在设计、安装、运行、节能系统调节、设备材料选择，以及经营管理模式选择等方面采用高新技术。例如，在供暖系统节能方面就有三种新技术：①利用计算机、平衡阀及专用智能仪表对管网流量进行合理分配，既改善了供暖质量，又节约了能源；②在用户散热器上安设热量分配表和温度调节阀，用户可根据需要消耗和控制热能，以达到舒适和节能的双重效果；③采用新型的保温材料包敷送暖管道，以减少管道的热损失。

新技术、新产品的使用往往能有效降低建筑能耗，如低温地板辐射技术，它采用交联聚乙烯(XLPE)管作为通水管，用特殊方式双向循环盘于地面层内，冬天向管内供低温热水(地热、太阳能或各种低温余热提供)；夏天输入冷水可降低地表温度(国内只用于供暖)；该技术与对流散热为主的散热器相比，具有室内温度分布均匀、舒适、节能、易计量、维护方便等优点。

5.2.2 用水问题

我国的水资源总体偏少，全球范围内我国属于轻度缺水国家，而且水污染问题日益突出。因此，在土木工程再生利用中也应认真考虑水资源的有效利用。现阶段，除从根源上减少用水量以外，节约水资源的方法还有两种：雨水回用和中水利用。

1. 减少用水量

减少用水量首先要节流堵漏，找出浪费水的各种根源，如高耗水的设备器具、管道设备漏水、使用中的无效用水，以及因管理造成的浪费等。

土木工程内的漏损则表现为跑、冒、滴、漏，主要发生在给水配件、给水附件和给水设备处；管道接头漏损主要是因为接头不严密和接头刚性太强；给水配件、给水附件和给水设备的漏损主要是质量原因，其次是安装时密闭不好导致漏损。

用水计量管理不善也会造成惊人的浪费。包费制的用水收费方式没有把用水量和收费直接挂钩，使得用水人无节水的意识，造成水的浪费。而分户、分用途设置用水计量仪表，可方便地计量每个付费单元的用水量和各种用途的用水量，实现用者付费，杜绝浪费。对用水实施计量简单易行、行之有效，取消包费制，实行分户装表、计量收费，一般可节水 20%~60%。

　　减压限流也是减少用水量的重要手段之一。水大都是通过水泵的加压提升再送至千家万户的,为满足所需的流量需要提供足够的水压。水压和流量呈正比的关系,同一个阀门,水压越大,流量也越大。部分卫生器具满足额定流量时的最低工作压力各有不同。"超压出流现象"是指给水阀在单位时间内的出水量超过额定流量的现象。"超压出流现象"不易被人们察觉和认识,属隐形水量浪费,这种浪费在各类建筑中不同程度地存在。同时"超压出流现象"还破坏了给水系统中流量的正常分配,严重时会造成水的供需矛盾,而且由于水压过大,水龙头启闭时易产生管道振动,加快了阀门和管道的磨损,造成接头和阀件松动、损坏、漏水。

2. 雨水回用

　　在土木工程再生利用中,可以通过对建筑屋顶、室外地面,以及排水系统等的改造设计,实现雨水回收。如可以用屋顶来收集雨水,将室外地面换成透水性路面,在室外设置绿化场地。通过改造,将收集的雨水简单处理后实现再次利用,这样不仅能提高水资源的利用率,还能在暴雨时缓解室外排水系统的排水压力。

3. 中水利用

　　中水是指生活污水处理后,达到规定的水质标准,可在一定范围内重复使用的非饮用水。中水利用是对该处理过的水再次循环使用。中水利用是环境保护、水污染防治的主要途径,是社会、经济可持续发展的重要环节。因此,土木工程再生利用中也可以建立中水利用系统,将中水用于景观及生活方面,如清扫、冷却、绿化浇灌等,能大大降低水资源的使用。

5.2.3　耗材问题

　　新的高性能材料的研发使用也是实现土木工程再生利用生态价值的一个有效方式。随着科技的发展、技术的进步,一大批具有保温隔热、强度高、造价低、施工方便等优越性能的材料正改变着建筑能耗的使用流量。下面以门窗高性能材料为例进行介绍。

　　门窗具有采光、通风和围护的作用,还在建筑艺术处理上起着很重要的作用。然而门窗又是最容易造成能量损失的部位。为了增大采光通风面积或表现现代建筑的特征,建筑物的门窗面积越来越大,更有全玻璃的幕墙建筑。这就对外围护结构的节能性能提出了更高的要求。

　　对门窗的节能处理主要是改善材料的保温隔热性能和提高门窗的密闭性能。从门窗材料来看,近些年出现了铝合金断热型材、铝木复合型材、钢塑整体挤出型材、塑木复合型材,以及 UPVC 塑料型材等一些技术含量较高的节能产品。

　　其中使用较广的是 UPVC 塑料型材,它所使用的原料是高分子材料——硬质聚氯乙烯。它不仅能耗少、无污染,而且材料导热系数小,多腔体结构密封性好,因而保温隔热性能好。

　　为解决大面积玻璃造成的能量损失过大的问题,运用高新技术将普通玻璃加工成中空玻璃、镀贴膜玻璃(包括反射玻璃、吸热玻璃)、高强度 Low-E 防火玻璃(高强度、低辐射镀膜防火玻璃)、采用磁控真空溅射方法镀制含金属银层的玻璃，以及最特别的智能玻璃。智能玻璃能感知外界光的变化并做出反应。智能玻璃可分为两类：一类是光致变色玻璃，在光照射时，玻璃会感光变暗，光线不易透过；停止光照射时，玻璃复明，光线可以透过。在太阳光强烈时，可以阻隔太阳辐射热；天阴时，玻璃变亮，太阳光又能进入室内。另一类是电致变色玻璃，在两片玻璃上镀有导电膜及变色物质，通过调节电压促使变色物质变色，调整射入的太阳光(但因其生产成本高，还不易推广使用)。在土木工程再生利用中，通过对门窗材料的更新，可以有效降低建筑使用能耗。

5.2.4 用地问题

1. 场地规划

评判建筑用地经济性的重要指标就是建筑密度。建筑密度指的是建筑物的占地面积与总建设用地面积之比的百分数。对土木工程再生利用项目进行场地规划时，应着重考虑建筑密度。一般一个土木工程项目的建设用地需要合理划分为几个部分：建筑占地、绿化占地、道路广场占地、其他占地。

除建筑密度在很大程度上影响建设用地面积以外，绿化占地、道路广场占地也是影响建设用地面积的重要因素。绿化占地面积与总建设用地面积之比称为绿地率。在城市规划的基本要求中，绿地率的具体指标约为 30%，而在土木工程再生利用项目中，更应该对绿地率给予重视。道路广场占地主要是为了满足总建设用地内的机动车辆和行人的交通组织以及机动车辆和自行车的停放需要，只要通过合理设计减少道路广场占地面积，就有可能合理增加建筑密度。

2. 地下空间

地下空间的使用与开发有着悠久的历史，在目前建筑技术日益发展的条件下，基本上可以实现地上建筑的功能要求，在开发和使用地下空间的同时，实际上也在节约用地。

随着我国城市化进程的加快，土地资源的减少成为必然。合理开发利用地下空间是城市节约用地的有效手段之一。在设计时，可以将部分城市交通转入地下，将其他公共设施建在地下，以实现土地资源的多重利用，提高土地使用率。

土地资源的多重利用还可以相对减少城市化发展占用的土地面积，有效控制城市的无限制扩张，有助于实现"紧凑型"城市规划结构。这种设计减少了居民的出行距离和机动交通源，相对降低了人们对机动交通特别是私人汽车的依赖程度，同时可以增加居民步行出行的比例，使得城区交通能耗和交通污染大幅度降低，有助于满足城区节能环保要求。

在利用地下空间时，应结合城区水文地质情况，处理好地下空间的出入口与地上建筑的关系，解决好地下空间的通风、防火、防水等问题，同时因采用适当的建筑技术实现节能要求。

3. 既有建筑

近年来，我国房地产投资规模高速增长，但由于城市可供开发的土地资源有限，便出现了大量拆除老旧建筑的现象。对于一座设计使用年限为 50 年的建筑，如果仅仅使用二三十年就被人为拆除，这种建筑短命现象无疑会造成巨大的资源浪费和环境污染，也违背了绿色建筑的基本理念。

造成建筑不到设计使用年限就被拆除的原因是多种多样的，主要有三个方面的原因。第一方面是由于城市的发展使得城市规划发生改变，土地的使用性质也会发生改变，如原来的工业区规划变更为商业区或住宅区，现存的土木工程就会被大规模拆除；还有就是受房地产开发的利益驱动，为扩大容积率而增加建筑面积，致使处于合理使用年限的建筑遭受提前拆除的命运。第二方面是由于原有建筑的功能或品质不能适应当今社会人们的要求。例如，20 世纪七八十年代兴建的大批住宅的功能布局已不能满足现代生活的基本要求，因而遭到人们观念上的遗弃。第三方面是由于建筑质量的问题，例如，按照国家和地方现行标准、规范衡量，老旧建筑在抗震、防火、节能等方面达不到要求，或因为设计、施工和使用不当出现了质量问题。

5.3　生态价值表现形式

土木工程再生利用从建筑生态环境、空间生态水平和建筑能源消耗方面进行了不同程度的优化。

5.3.1　优化建筑生态环境

1. 室内环境优化

1) 室内风环境优化设计

自然通风是改善室内环境的基本方法之一，其主要原理是通过压力差来形成气流，将室外空气引入室内，带动空气流动，实现室外新鲜空气的补充交换。因此，在土木工程再生环境设计中，常通过结构的调整等实现自然通风，为人们提供一个舒适宜人的室内风环境。

2) 室内光环境优化设计

土木工程再生利用中室内光环境的优化设计，即改善自然光的利用效果与加大自然光的利用范围，尽可能地减少人工采光。自然光的使用既能减少能耗、节约资源、保护环境，又有利于使用者的身心健康。

土木工程再生利用设计中，可以通过有效的设计手段，改善室内的光环境。例如，可以适当增加窗户、天窗，加大采光；结合中庭、采光天井、反光镜装置等内部手段增加天然光的辐射范围。

3) 室内热环境优化设计

热环境是指影响人体冷暖感觉的环境因素，主要包括空气温度和湿度。室内热环境的优化设计，主要是指通过合理的设计，尽量减少能源消耗设备的使用，为人们提供一个舒适的室内热环境。

在改造中，可以通过室内设计布局，形成横向、纵向的风道通廊，配合植入的通风采光天井、通过良好的风环境，有目的地调节室内温度和湿度，营造宜人的室内热环境。此外，还能通过增加围护结构的保温性能来提高室内热环境的舒适度。室内环境优化设计方法见表5-2。

表 5-2　室内环境优化设计方法

	方法
室内风环境优化设计	自然通风，通风烟囱，中庭、前庭热压通风，拔风效应，通风井，调整窗墙比例
室内光环境优化设计	自然采光，中庭采光，前庭采光，天窗采光，室内反光板，活动外遮阳
室内热环境优化设计	中空玻璃，垂直绿化遮阳，建筑构架遮阳，蓄热水墙，绿化与水体降温

2. 室外环境优化

土木工程的室外环境再生设计既要考虑原建筑的独特性及其历史意义，又要与整个区域甚至整个城市相融合。一个再生项目的外部环境也是整个城市有机环境的缩影。通过对土木工程外部环境有效合理的改造重塑，以达到优化城市形态、美化城市形象、提高城市吸引力的目的。土木工程外部环境的优化设计应结合城市规划和区域定位，制定相宜的改造方案。

1) 建筑外观环境设计

其一，维持外部环境。对具有明显地域特色、时代特征、历史价值的土木工程进行改造设计时，应保留大部分原有建筑的基本形态，并对其进行必要的维护休整或更换局部构件。新建的部分应与原始风格相协调，形成与地域环境相融合的空间。同时，还应保留建筑周围的环境，如原有的道路、景观、设施，尊重原有的精神和文脉，如图5-1所示。

(a) 原水泵房　　　　　　　　　　　　　　(b) 改造后的辅房

图 5-1　大华纱厂

在大华纱厂辅房和南门的改造过程中，完整地保留了原有建筑的形态，只是进行了必要的修缮和维护，将周围的环境进行改造，使其满足人们的感官需求，为人们提供舒适的环境。

现代文化艺术中心广场的改造就是在原发电厂的基础上，加建了一部分。可以看出，加建的部分与原建筑在风格上很匹配，如图5-2所示。

(a) 原发电厂　　　　　　　　　(b) 改造后的现代文化艺术中心广场

图 5-2　现代文化艺术中心广场

　　其二，重塑外部环境。对于一些具有独特外形结构的地标性的土木工程，如水塔、烟囱、煤气储罐等，应根据需要重塑外部环境。设计时，应针对人们所熟悉的建筑特征，以原建(构)筑物为依托，进行合理的二次设计，在最大限度地保留城市记忆的基础上，给人们带来全新的建筑体验。例如，维也纳煤气储罐改造就完整地保留了建筑的外部形体特征，如图 5-3 所示。

图 5-3　维也纳煤气储罐

　　其三，改变外部环境。对于常规的土木工程项目，在外形上并无特别明显的历史美学价值和特征，这类建筑外部形象设计自由度大，设计师可以借助原有结构，充分发挥想象力和创造力，创造出新的形象，如图 5-4 和图 5-5 所示。

图 5-4　大华西广场　　　　　　　　　图 5-5　798 创意广场

2) 建筑周边环境设计

建筑周边环境再生利用除关注建筑本身的改造外，还应注重周边环境的整理。室外的环境直接影响着建筑所处的环境状态，从而影响到人们的舒适度和健康。因此，在土木工程再生利用中应研究微气候特征。根据建筑功能的需求，通过合理的外部环境设计来改善既有的微气候环境，创造建筑节能以及健康舒适的有利环境，常见方法如下。

(1) 室外场地更新。

其一，建筑材料。室外地面的材料对室外环境的舒适度影响巨大，因此，建筑室外环境的改善可以通过有选择地更换不合理的地面材料来实现。如将硬质路面换成透水性地面，将停车场地面换成中空的植草砖，在室外铺设绿化地带等，通过这些方法可以增加土壤的保水能力，补充地下水，减少土壤的径流系数，有效降低室外地面温度，营造出适宜的小气候，降低热岛强度。遇到暴雨时，还可以缓解室外排水系统的排水压力。

其二，绿色景观。绿色植物是调节室外热环境的重要因素，它能在夏季通过光合作用、蒸腾作用吸收大部分太阳辐射热。高大茂密的树木还能让建筑避免阳光的直接照射，调节建筑的室内温度。因此，选择合理的植物搭配，不仅能美化环境，还可以利用植物的季节性变化来改善微气候。

其三，水体景观。在炎热的夏季，水体的蒸发能吸收掉大量热量，从而降低室外温度。同时，水体也具有一定的热稳定性，会造成昼夜间水体和周围空气温度的波动，导致两者之间产生热风压，促进空气流动。在土木工程再生利用中，也可在建筑周围建景观湿地，既能调节室外环境温度和空气湿度，形成良好的局部微气候环境，还能用来净化雨水和中水。

(2) 生态景观配置。

在园区内对周围环境进行生态景观配置，在建筑周围布置树木、植被、绿草等，既能有效地遮挡风沙、净化空气，还能遮阳、降噪；还可以创造舒适的人工自然环境，在建筑附近设置水面，利用水来平衡环境温度、降风沙及收集雨水等。

应结合当地的自然条件、自然资源、历史文脉、地域文化等对土木工程再生利用项目周边景观合理配置。具体来说，应遵循以下原则：尽量选用本地植物，既容易成活又具有地方特色；植物配置时应多种类、多层次，以丰富室外环境。

5.3.2　提升空间生态水平

1. 形体改造

土木工程外部形体的改造，不仅影响着土木工程历史面貌的展现，还直接影响着建筑的能耗。在建筑形体改造设计时，应结合当地的气候状况及周边环境，在满足功能的前提下，设计出合适的形体，以提高能源的利用率，减少能源的消耗，并为人们提供健康舒适的环境。

通过土木工程外形的绿色再生设计，达到利用建筑形体来引导建筑内部的自然通风、增加采光的效果，通过外形的凹凸变化，产生自遮阳的效果。要达到这种目的有两种方法：加法和减法。

1) 加法

加法就是将已有的两个或两个以上的建筑单体，通过穿插、连接、叠加等方式组合成一个新的建筑功能体，或者在原有建筑的基础上，加建一部分形体，使土木工程既能满足新的功能需求，又能达到节能环保的目的。

2) 减法

减法即在一个较大的几何形体中减去一个或数个较小的形体后重新形成一个新形体。也就是说，将原来相对集中的建筑形式改成相对分散的建筑形式，在相对完整的建筑形体中切削出独立的空间形式，见表 5-3。

表 5-3　形体改造手法及过程

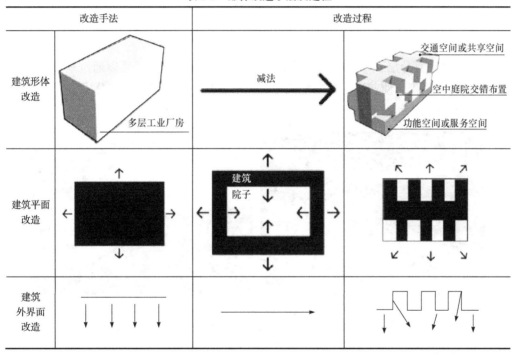

改造手法		改造过程
建筑形体改造	多层工业厂房 → 减法	交通空间或共享空间 / 空中庭院交错布置 / 功能空间或服务空间
建筑平面改造		建筑 院子
建筑外界面改造		

2. 空间重组

土木工程再生利用项目改造过程中，为了适应新的需求，应对内部空间进行重组。通过空间的重组和联系，打破建筑室内外的界限，达到改善室内环境、增加自然采光、通风的效果。

1) 空间划分

土木工程在进行空间划分时比较灵活，主要有两种划分方式：空间水平分隔和空间垂直分层。

(1) 空间水平分隔。将建筑物由大尺度的内部空间改造成小空间时，可以保留主体结构不变，在水平方向上加建分隔墙体，将整体的大空间划分为若干个小空间。除了新建墙体，还可以灵活布置家具、植物、交通空间来达到水平分隔的效果。这样可以减少视线阻断，增加内部空间的流动性，如图 5-6 所示。

(a) 分隔墙体　　　　　　　　　　　　(b) 灵活布置交通空间

图 5-6　北京 798 艺术区

(2) 空间垂直分层。对于内部空间高大的土木工程再生利用，可以通过垂直分层，加建内部支撑与楼板，使其满足新功能的使用需求。此外，空间的垂直分层不仅丰富了空间层次，而且充分利用了竖向空间，节约了土地成本，如图 5-7 所示。

(a) 改造前　　　　　　　　　　　　(b) 改造后

图 5-7　缅因州 Bowdoin 学院体育馆改造前后的空间比较

2) 空间嵌套

在原有土木工程的内部空间嵌套一个新的功能体，这样就在建筑内部形成了两个相互独立的功能体系，既保护了原有建筑，又满足了新的使用需求，且建筑的内层表皮与新建的外层表皮形成双表层系统，风格独特。新的内部空间与原有的建筑空间形成新与旧的反差，给人们带来独特的体验。

3) 空间延伸

对于土木工程中的辅助性房屋，其建筑空间不大，原有内部空间的容量不能满足新功能的需求，改造设计时可以在不破坏原有结构的基础上，通过空间的延伸来扩大空间的容量。在设计时，应注意既要满足建筑使用功能上的要求，又要处理好新旧建筑之间的关系。新建部分既要与原有建筑融为一体，又要体现其独特风格，如图 5-8 所示。

(a) 外接新建建筑　　　　　　　　　　　　　　　(b) 外部空间延伸

图 5-8　卡尔斯鲁厄艺术及媒体技术中心

4) 空间整合

土木工程原有的空间划分不能满足使用需求时，可以将原有的若干功能空间经过合理地设计加以处理，重组整合加以利用，形成新的空间效果。这是一个联零为整的过程，常用的方法有加建连廊、拆除部分墙体贯通空间和通过连廊串联空间，如图 5-9 所示。

(a) 加建连廊　　　　　　　　(b) 拆除部分墙体　　　　　　　(c) 连廊串联空间

图 5-9　纽约州奥尔巴尼阿尔戈斯大楼

3. 围护更新

建筑的围护结构不仅是室内外的分界线，还是建筑节能的主要部件。在夏季和冬季，室内外温差大，围护结构的保温性能直接影响建筑的使用能耗，因此，土木工程的再生利用设计中也应考虑围护结构的更新。这里考虑的主要是对建筑节能影响比较大的外墙、外窗，以及屋顶的改造。

1) 外墙的改造

外墙是室内外能量交换的界面，通过对外墙的改造，来改善室内环境、降低建筑能耗是土木工程再生利用应重点考虑的方法。对外墙的改造主要从风、光、热三个方面进行考虑。外墙改造时有效地利用这三个因素，可以创造出舒适健康的室内环境。

(1) 外墙的保温隔热改造。

外墙的能源消耗主要是由于室内外的温差。夏季，室外的热源通过墙体进入室内使温度升高；冬季，室内的热源通过墙体分散到室外使室内温度降低，从而增大了能源的消耗。在外墙的改造中，通过提高外墙的保温性能减少室内外环境的热交换，以改善室内环境的舒适度。

(2) 外墙的通风改造。

外墙的通风改造主要通过对外墙表皮的改造得以实现。采用相应的技术手段，将建筑的外墙表皮改造成复合表皮。这种复合表皮分为两层，中间是空气间层。利用烟囱效应的原理产生热压通风，在每层的上、下位置设置通风口，使空气在这个小腔体内实现循环，促进室内外能源的交换，达到隔热的效果。

(3) 外墙的遮阳改造。

外墙的遮阳改造就是通过改造利用建筑表皮的变化来达到遮阳的效果，或是在建筑表皮上设置可调节的遮阳设施。可根据实际情况进行调节，变换遮阳的形式；也可以通过遮阳设施来调节室内采光，利用建筑表皮系统产生折射、绕射、衍射等现象，减少阳光的直接辐射，实现自然采光。

2) 外窗的改造

虽然外窗所占围护结构的面积不大，但据统计，其热损失能达到围护结构损失的40%左右，是土木工程节能改造应重点考虑的对象。建筑外窗承担通风、采光、保温隔热等功能。在建筑外窗的改造中，多采用全部更换的改造方式。将年代久远的、老化的外窗替换成双层玻璃、中空玻璃等气密性好、技术成熟的外窗，能大大降低建筑使用能耗，改善室内环境。常用的外窗改造方式见表5-4。

表 5-4　外窗改造方式

类型	方法	特点	图示
双层窗	在原窗户内侧增加一道窗户	传热系数能减少1/2以上，施工方便快捷，受到原窗户的限制	
Low-E 玻璃	将原玻璃换成 Low-E 玻璃	隔热性能好，遮阳性能好	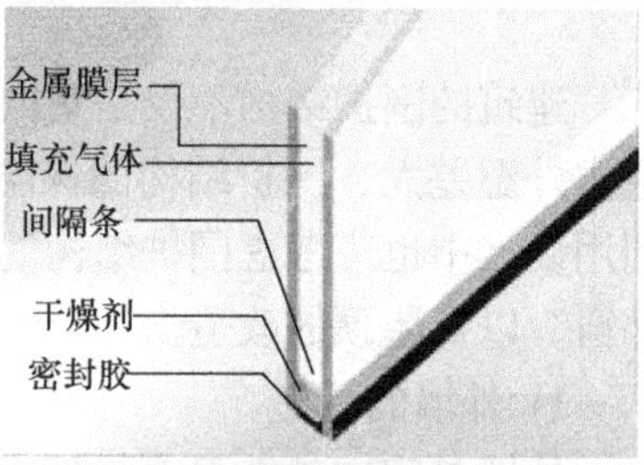
中空玻璃	将原玻璃换成中空玻璃	造价低，施工方便	

续表

类型	方法	特点	图示
玻璃贴膜	在原玻璃上贴一层热反射膜	隔热性能较好，施工方便，开窗时不能遮阳	

3) 屋顶的改造

屋顶的保温隔热性能很大程度影响着顶层空间的室内舒适性，以及建筑的使用能耗。因此，在土木工程再生利用中，屋顶改造也是不容忽视的。屋顶的改造主要通过改善保温隔热性能得以实现。在寒冷的地区，屋顶设保温层，以阻止室内热量散失；在炎热的地区，在屋顶设置隔热降温层以阻止太阳的辐射热传至室内；而在冬冷夏热地区(黄河至长江流域)，建筑节能要冬、夏兼顾。如今，土木工程屋顶的改造方式多种多样，各具优缺，设计时应根据项目所在地所处气候环境选取最合适的改造方法，尽量选择绿色环保的保温隔热材料。具体的改造方式如下所述。

(1) 屋面架空法。

屋面架空法也叫空气流通隔热法。就是在屋顶建一个高 30cm 左右的空心夹层，即通风隔热的空气层。这也是一种植入腔体的改造方法。当夏季阳光暴晒的时候，一方面利用隔热板来阻挡太阳的直接辐射，另一方面利用风压将架空层内的空气不断排出，从而达到降低屋面温度的效果。

(2) 水隔热法。

水隔热法对屋顶的质量要求比较高，对屋面的抗渗性能要求很高，因此在土木工程再生利用中并不常用。这种方法就是在屋顶维持浅浅的水洼，大概 15cm 深，利用水的蒸发散热以及水面的反射带走大量的太阳辐射热，有效合理地降低室内温度，提高室内舒适度。

(3) 反射法。

反射法的原理就是通过在屋顶设置反射能力强的面层，以此来反射太阳辐射。这种方式能反射大约 65%的太阳辐射，节能 20%~30%，而且施工方便，造价低，是一个不错的屋面改造方式。根据反射面层材料的不同分为两种方法：一种是白光纸反射法，就是在屋顶铺设一层表面光滑的白光纸，这种材料是锡纸，不易沾油污，且能强烈反光隔热；另一种是涂料反射法，在屋顶涂上浅色的反射涂料，以此反光隔热。

(4) 绿化法。

在屋顶铺设土层，并种植上合适的植物，利用植物的光合作用、蒸腾作用等来吸收直接照射在屋面上的太阳辐射，起到保温隔热的效果。这种方式既能有效改善室内环境，减少能耗，又能美化环境，调节室外微气候。但应注意，这种改造方式对屋顶的结构、质量要求比较高，进行绿化改造时，一定要注意设计好屋面的排水、防水系统。同时，对于绿化植物的选择也须认真考虑，应以适合当地的气候环境和浅根系植物的生长为宜。

（5）保温隔热板。

将保温隔热的材料铺设于屋面上，这种方式具有保温隔热以及防水的双重功效，而且具有材料重量轻、材料强度高、力学性能好、使用年限长、施工方便、施工周期短等优点。常用的保温隔热板材有玻璃钢板、XPS 板、EPS 板等，在选用时应结合自身需求，选取合适的保温隔热材料。

5.3.3　减少建筑能源消耗

1. 围护结构节能技术

建筑的外围护结构主要包括外墙、屋面、门窗等。根据调研结果，我国土木工程再生利用项目由于使用功能的变更或提升使其保温隔热性能有了大幅提升，所以土木工程围护结构的节能改造显得尤为重要。

1）外墙围护

在同样的室内外温差条件下，建筑围护结构保温性能直接影响到流出或流入室内热量的多少。从建筑传热耗热量的构成来看，外墙所占比例最大，因此，提高围护结构中外墙的保温能力十分重要。

对具有一定历史价值的土木工程再生利用时，应注意对既有外墙的保护，应以保护性修复为原则，采用清理、修补、维护的方式处理外墙。这类建筑的节能技术一般需要选择外墙内保温或是外墙夹芯保温的方式；对于外墙没有保护要求的建筑，其节能技术在理念上与一般建筑外墙节能技术一致，通过墙体结构与保温材料的结合，以提高外墙的保温隔热性能。

提高墙体保温性能的关键在于增加热阻值，在技术和材料的选择上，针对不同类型的建筑外墙应该采取不同的改造措施。根据保温材料所处位置的不同，主要有三种保温形式：外墙外保温、外墙内保温、外墙夹芯保温。

土木工程再生利用过程中，若原有外墙结构性能严重受损，须拆除重建，则以上三种保温形式均可使用；若原有外墙结构性能较好，可继续使用，则其保温形式为外墙外保温与外墙内保温。经过调研发现，土木工程再生利用项目多采用外墙外保温形式，其主要原因在于采用外墙外保温技术的墙体，在冬季，由于内部墙体热容量较大，室内可以蓄存更多的热量，使间歇采暖或太阳辐射所造成的室内温度变化减缓，有利于室温的稳定；而在夏季，室内温度较高，采用外墙外保温技术能大大减少太阳辐射热的进入和室外高气温的影响，降低室内空气温度和外墙内表面温度。尤其是对于夏热冬冷地区的土木工程再生利用项目，采用外墙外保温技术的墙体的保温隔热性能则更为显著。

2）屋面节能技术

屋面是建筑物最上层的覆盖外围护结构，它的基本功能就是抵御自然界的不利因素，使得下部空间有良好的使用环境。大量既有建筑的屋面普遍存在结构老化、保温性能差、采光通风不良等问题。再生利用时，需要增强屋面的隔热性能。一般屋面是建筑冬季的失热构件,屋面作为蓄热体对室内温度波动起稳定作用。对于单层建(构)筑物,屋面的散热量比例相对多层建(构)筑物较大。常见的屋面改造形式及其特征见表 5-5。通过节能改造可以使屋面的传热系数减少,大大提高保温效果。

表 5-5　常见的屋面改造形式及其特征

类型	节能原理	备注
倒置式 保温屋面	将保温层设在防水层上面,主要的隔热材料有 XPS 板、EPS 板等	保温层在防水层之上,防水层受到保护,可以延长防水层的使用年限;构造简单,避免浪费;施工简便,便于维修
蓄水屋面	在屋面荷载允许的情况下,在刚性防水屋面上蓄一层水,利用水的蒸发和流动将热量带走,降低屋面的传热量,降低屋面内表面的温度	在混凝土刚性防水层上蓄水,可以改善混凝土的使用条件,避免直接暴晒和冰雪雨水引起的急剧伸缩;长期浸泡在水中有利于混凝土后期强度的增长
通风屋面	利用屋顶内部的通风将面层下的热量带走,从而达到隔热的目的	适合用在夏季气候干燥、白天多风的地区
屋架下设 保温层	在屋架下部设置防潮层和保温层,利用高性能、质地轻薄的保温材料达到保温隔热的效果	适用于保留或加固原屋架的建筑,但会致使下部构造层过大,降低室内层高

3) 门窗节能技术

在建筑围护结构中,门窗的绝热性能最差,使其成为影响室内热环境质量和建筑能耗的主要因素,是保温、隔热与隔声最薄弱的环节。在既有土木工程的围护结构中,门窗的面积约占围护结构总面积的 25%,且窗户形式多为单玻窗,外窗普遍存在传热系数大与开窗面积过大的问题。据统计,冬季单玻窗所损失的热量占供热负荷的 30%～50%,夏季因太阳辐射透过单玻窗进入室内而消耗的空调冷量占空调负荷的20%～30%,而且土木工程的门窗年代久远,老化现象导致能耗进一步加大,同时也严重影响到室内环境的舒适度。

在既有建筑墙体节能改造时,如果采用外墙外保温的方式改造,门窗的位置就应该尽可能地接近外墙。为了不影响建筑的使用功能,可以在做外墙外保温的同时,在既有门窗不动的基础上安装新的节能门窗,最后再拆除旧的门窗或直接就采用双层窗。同时合理选用玻璃,提高建筑外窗的保温性能。也可以直接在窗上贴膜或透明层,利用该层与玻璃之间的空气保温层,达到节能的效果。

2. 能源节能技术

1) 太阳能

目前,太阳能利用技术主要是指通过太阳能获得热能、电能、光能,进而为建筑的热水供应、采暖、空调,以及照明提供能源支持。土木工程再生利用项目中,多采用太阳能热水系统、太阳能光伏发电系统、太阳能自然采光系统。

太阳能热水系统是通过一个面向太阳的太阳能收集器,利用此收集器可以直接对水加热，或加热不停流动的"工作液体"，进而再加热水。太阳能光伏发电系统是一种利用太阳电池半导体材料的光伏效应，它将太阳光辐射能直接转换为电能的新型发电系统，有独立运行和并网运行两种方式。太阳能自然采光系统是通过各种采光、反光、遮光设施，将自然光源引入到室内进行利用的系统，比较有效的办法主要有增大采光口(屋顶、侧窗)面积、反光板采光、光导管采光。

2) 风能

风能利用技术是利用风力机将风能转化为电能、热能、机械能等各种形式的能量，用于发电、提水、制冷、制热、通风等。土木工程再生利用常用的风能利用技术有风力发电与自然通风。

风力发电技术是利用垂直抽风机，风力带动风车叶片旋转，再透过增速机将旋转的速度提升，来促使发电机发电。因此，风力发电技术适用于风力能源充足地区的土木工程。要保证土木工程与风力发电机组的有机结合，重点考虑风机供电是否能够满足建筑的电力需求。若风力发电机组安设在土木工程顶部，则还应严格计算顶部附加荷载对整个土木工程结构体系安全性的影响。

土木工程的体量巨大，这一特性对其室内的自然通风和采光极为不利，同时也需要加强自然通风来排除建筑内部的湿气。自然通风就是利用自然的手段(风压、热压)来促使空气流动，将室外的空气引进室内来通风换气，用以维持室内空气的舒适性，如图 5-10 和图 5-11 所示。

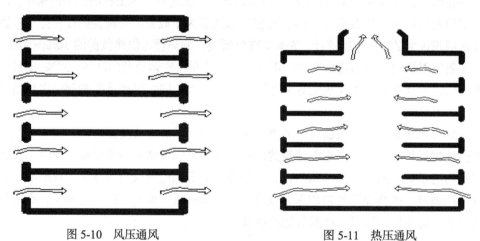

图 5-10　风压通风　　　　　　　　　图 5-11　热压通风

在土木工程再生利用中，风压通风和热压通风常常是互相补充、相辅相成的。在进深较大的部位采用热压通风，在进深较小的部位采用风压通风，从而达到良好的通风效果。

3) 地源热泵

地源热泵技术是一种利用浅层地热资源的既可供热又可制冷的高效节能空调技术，如图 5-12 所示。通过输入少量的高品位能源(电能)，即可实现能量从低温热源向高温热源的转移。在冬季，把土壤中的热量"取"出来，提高温度后供给室内用于采暖；在夏季，把室内的热量"取"出来释放到土壤中去，并且常年能保证地下温度的均衡。

　　常见的地源热泵形式见表 5-6，其中，地下水热泵系统要求建筑地下水源稳定，河湖水源热泵系统则要求建筑临近江河、湖泊，土壤热泵系统虽无特定的地理位置要求，但造价较高。因此，在土木工程再生利用时，应结合建筑的功能定位与能源需求，重点考虑地源热泵系统的采用是否经济合理。此外，由于地源热泵系统为地下设施，其运营过程中若发生故障则不利于问题的快速排查且维修费用较高，所以应严格控制地源热泵系统的建造质量，并配设精准的故障报警系统。

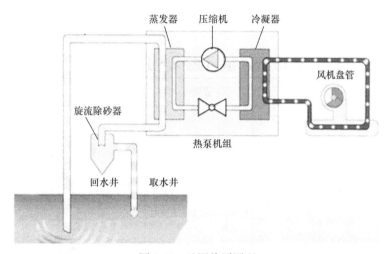

图 5-12　地源热泵原理

表 5-6　常见的地源热泵形式

名称	特点
地下水热泵	占地面积小，要求保证机组有正常运行的稳定水源，温度范围为 7~21℃，需要打井，为保持地下水位需要注意回灌，从而不破坏水资源
河湖水源热泵	投资小，水系统能耗低，可靠性高，且运行费用低，但盘管容易被破坏，机组效率不稳
土壤热泵	垂直埋管系统占地面积小，水系统耗电少，但钻井费用高；水平埋管系统安装费低，但占地面积大，水系统耗电大

3. 绿化优化技术

1) 垂直绿化

　　垂直绿化是指用攀缘或者铺贴式方法以植物装饰建筑物外墙的一种立体绿化形式，可使建筑物冬暖夏凉，兼具吸收噪声、滞纳灰尘、净化空气、不会积水等功能。垂直绿化是土木工程绿色再生技术中占地面积最小，而绿化面积最大的一种形式。垂直绿化的植物配置应注意三点。

(1) 垂直绿化的植物配置受墙面材料、朝向和墙面色彩等因素制约。粗糙墙面，如水泥混合砂浆和水刷石墙面，攀附效果最好；光滑的墙面，如石灰粉墙和油漆涂料墙面，攀附比较困难。墙面朝向不同，选择生长习性不同的攀援植物。

(2) 垂直绿化的植物配置形式有两种：一种是规则式；另一种是自然式。

(3) 垂直绿化种植形式大体分两种：一是地栽，一般沿墙面种植，带宽 50～100cm，土层厚 50cm，植物根系距墙体 15cm 左右，苗稍向外倾斜；二是种植槽或容器栽植，一般种植槽或容器高度为 50～60cm，宽 50cm，长度视地点而定。

垂直绿化形式主要有模块式、铺贴式、攀爬式，各类形式构造与适用性见表 5-7。由于攀爬式垂直绿化造价较低，透光透气性良好，成为土木工程再生利用项目中使用最多的垂直绿化形式。

表 5-7　各垂直绿化形式构造及适用性比较

名称	构造	适用性	图例
模块式	将方块形、菱形、圆形等几何单体构件，通过合理搭接或绑缚固定在不锈钢或木质骨架上，形成各种景观效果	寿命较长，适用于大面积高难度的垂直绿化，特别对墙面景观营造效果最好	
铺贴式	在墙面上直接铺贴植物生长基质或模块，形成一个墙面种植平面系统	直接附加在墙面上，无须另做外做钢架；通过自来水和雨水浇灌；易施工，效果好	

续表

名称	构造	适用性	图例
攀爬式	即在墙面种植攀爬类植物,如种植爬山虎、络石、常春藤、扶芳藤、绿萝等	简便易行;造价较低;透光透气性好	防水层 固定锚钉 背衬 墙体 植物—生长基质

2) 屋面绿化

屋面绿化是通过在屋顶种植绿色植被,利用植物叶面的蒸腾作用增加发散热量,从而降低屋面的温度,在提高建筑绿化率的同时,具有良好的夏季隔热、冬季保温特性和良好的热稳定性,并且能有效遏制太阳辐射及高温对屋面的不利影响。但采用此方法,须注意加强屋面结构的防水、排水性能与耐久性,同时,还应注意屋面的植物宜根据地区选择,在南方多雨地区,选择喜湿热的植物,在西北少雨的地区,选择耐干旱的植物。

根据建筑屋顶荷载允许范围和屋顶功能的需要,屋面绿化可分为三种类型:第一种是仅为解决城市生态效益的绿色植被,一般铺设在只有从高空俯视时才看得见的屋顶上,目前主要是简单粗放的屋顶草坪;第二种是既重视生态又可以供人观赏的屋顶草坪,一般铺设在人们不能进入但从高处可以俯视得到的屋顶之上,其屋顶绿化要讲究美观,以铺装草坪为主,采用花卉和彩砖拼接出各式各样的图案进行点缀;第三种是集观赏、休闲于一体的屋顶绿化。从建筑荷载允许度和屋顶生态环境功能的实际出发,又可分为两种形式:简式轻型绿化和花园式复合型绿化。简式轻型绿化以草坪为主,配置多种植被和灌木等植物,讲究景观色彩搭配。用不同品种的植物结合步道砖铺装出图案;花园式复合型绿化近似地面园林绿地,采用国际公用的防水阻隔根和蓄排水等新工艺、新技术,以乔灌花草、山石、水榭亭廊搭配组合,用园艺小品适当点缀,硬性铺装较少,同时严守建筑设计荷载规范。

常见的简式轻型绿色屋面施工工序为:①清扫屋面,做好防水工作;②铺设隔根防漏膜和无纺布;③铺路定格,处理好下水口;④铺轻型营养基质,一般厚度为5cm;⑤种植草植,铺装一次成坪草苗块,在屋顶铺植时省工快捷,可达到瞬间成景的效果,或者直接在基质上种植草植,成活率不受影响。

由此,种植屋面的构造为:植被层、种植营养土层、过滤层、排(蓄)水层、耐根穿刺防水层、普通防水层、找平层(找坡层)、保温层、隔汽层、结构层,如图5-13所示。屋顶绿化相关技术包括屋顶绿化防水技术、栽培基质的选择、蓄排水技术、植物种植技术、植物施肥管理技术、屋顶雨水回收再利用技术、屋顶自动灌溉技术。例如，天友绿色设计中心屋面绿化改造既达到了较好的节能效益，又可作为自然景观，美化环境，提高使用舒适度。

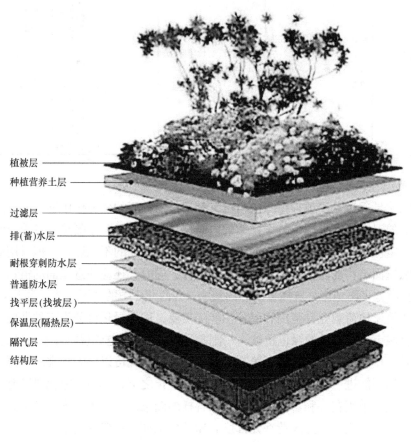

植被层

种植营养土层

过滤层

排(蓄)水层

耐根穿刺防水层

普通防水层

找平层(找坡层)

保温层(隔热层)

隔汽层

结构层

图 5-13　屋顶绿化构造做法

思　考　题

5-1. 请简述土木工程再生利用的生态价值。

5-2. 系统理论的核心思想是什么，具有哪些基本特征？

5-3. 如何理解土木工程生态系统这一概念？

5-4. 土木工程再生利用生态价值具有哪些特征？请简述。

5-5. 如何突破生态价值的发展瓶颈？请谈谈你的看法。

5-6. 土木工程再生利用生态价值的影响因素有哪些？

5-7. 请概括中水利用的概念，它有何用途？

5-8. 高性能材料研发使用也是实现生态价值的有效方式，请列举一高性能材料，并简要介绍其特点。

5-9. 土木工程再生利用生态价值的表现形式多样，请从优化建筑生态环境的角度谈谈你的理解。

5-10. 围护结构更新主要考虑哪几部分？常见的改造方式有什么？

参考答案

第6章　土木工程再生利用社会价值分析

6.1　社会价值认知基础

6.1.1　社会价值的内涵

1. 社会

社会一般指人们在相互交往中结成的人类生活共同体，是生产、教育、娱乐消费等各种社会关系的总和。社会指在特定环境下共同生活的人群，能够长久维持的、彼此相依为命的一种不容易改变的结构。局部看，社会有"同伴"的内涵，是为共同利益而形成的人与人的联盟。整体上，社会是由长期合作的个体，通过发展，组织形成团体，一般指在人类社会发展中形成的小到机构、大到国家等组织形式。在社会学中，社会指的是由有一定联系、相互依存的人们组成的超乎个人的、有机的整体。马克思主义观点认为，社会是人们通过交往形成的社会关系的总和，是人类生活的共同体。

首先，社会是人们之间交往的产物，没有人们之间的交往，便没有社会。而人们之间最基本的交往是在物质资料的生产过程中发生的经济交往。经济交往建立起生产关系。在经济交往的基础上，人们之间发生政治交往和思想沟通，建立起与生产关系相适应的政治关系和思想意识关系。以生产关系为基础的各种社会关系的总和便构成社会。其次，社会是一个历史的产物，总是处于一定历史发展阶段上且具有独特特征。人类历史发展的不同阶段具有不同的生产关系，决定了社会形态的差异，如原始社会、奴隶社会、封建社会、资本主义社会及共产主义社会之间的差异。另外，各种历史的具体的社会都是由相互联系的不同层次和范围的社会共同体构成的。社会群体、社会组织、社会阶层和社会阶段，乃至国家等社会共同体相互联系、相互制约，构成社会这个有机整体。社会有机体由人口、自然环境及文化三要素组成。人口是社会生活的主体；自然环境是人类生存和发展所依赖的各种自然条件；文化是指通过人们的行为和人造物品表现出来的风俗习惯、道德、宗教、制度、思想观念和科学技术等。

狭义的社会也叫"社群"，指群体人类活动和聚居的范围，如聚居点、村、镇、城市等。广义的社会，则指一个国家、一个大范围地区或一个文化圈，如英国社会、东方社会、东南亚或西方世界等，也可以引申为其文化习俗。

2. 社会价值

凡涉及"价值"这一类的认识，都反映出一种主客体关系，尤其反映出主体在这种关系中的主导地位。社会价值也不例外，它以某一特定社会价值主体来认识价值，或者说，社会价值是指从一定社会的角度来考察和评定客体之后，判明客体对社会具有的积极的或善的或美的意义或作用的认识。按照唯物史观的原理，社会价值的产生，最初是从人类社会的物质生产活动中认识的。人们的生活资料这一类的物质需要，是与有生命的人一同降生于世的，人类社会只要存在一天，它就一天也不能停止对生活资料的生产和使用。因此，人们对社会价值的认识，首先是从占有和使用生产资料、生活资料这一类的物质需要开始的。

社会价值本指人与人之间相互交织碰撞所产生的正面或负面的价值，但当人们参与到活动中的时候，就形成了人与社会之间的一种利益关系。因此可以说社会价值是以人类作为评价主体，评判一个客体为社会或他人带来无形或有形财富的多少。

3. 土木工程再生利用社会价值

土木工程再生利用社会价值指的是以国家社会政策为基础，为了实现国家或地方社会发展目标，土木工程再生利用所做的贡献和产生的影响，包括对项目本身的影响和对周围地区社会的影响。

对于建筑来说，社会价值是指建筑或建筑所构成的城市空间对于人们来说是否具有社会意义上的价值。一方面，土木工程所构成的城市空间是一种物质实在，此时建筑是承载各类活动的物质主体，可以为社会做出物质上的贡献。另一方面，土木工程也是城市精神的载体，此时的建筑装载着一个国家或城市的发展史，那些具有特殊性质的土木工程或建筑所构成的城市空间给予了居民归属感和情感联系，可以为社会带来精神上的财富。在一定社会背景下，土木工程本身具备精神以及物质财富，通过再生利用的方式使得这种价值得以延续。

6.1.2　社会价值的特征

土木工程再生利用社会价值具有以下几个特征，如图 6-1 所示。

图 6-1　社会价值的特征

1. 纪念性

纪念性既是一个重要的建筑现象学和环境美学范畴中的概念，也是土木工程再生利用的特点之一。它是在人与具体的生活环境尤其是建筑环境建立起的一种复杂联系的基础上，所形成的一种充满记忆的情感体验，一般指人对空间为我所用的特性的体验，或者说是一种在共同体验、共同记忆的基础上与空间形成的有意义的伙伴关系。挪威建筑理论家诺伯格·舒尔茨(Norberg Schulz)从建筑现象学视角对场所、场所精神进行了深入研究。他认为，场所不是抽象的地理位置或场地概念，而是具有清晰的空间特性或"气氛"的地方，是自然环境和人造环境相结合的有意义的整体。场所精神在古代主要体现为一种神灵守护精神，在现代则表示一种主要由建筑所形成的环境的整体特性，具体体现的精神功能是"方向感"和"认同感"，只有这样人才可能与场所产生亲密关系。"方向感"简单说是指人们在空间环境中能够定位，有一种知道自己身处何处的熟悉感，它依赖于能达到良好环境意象的空间结构；"认同感"则意味着与自己所处的建筑环境有一种类似"友谊"的关系，意味着人们对建筑环境有一种深度介入，是心之所属的场所。在诺伯格·舒尔茨看来，建筑是场所精神的形象化，建筑的目的就是让人"定居"并获得一种"存在的立足点"，而要想获得这种"存在的立足点"，人必须归属于一个场所，并与场所建立起以"方向感"和"认同感"为核心的场所感。

土木工程再生利用主要着眼在那些有保留意义的项目上，包含了那些承载人们集体记忆的建筑及其城市空间。澳大利亚遗产保护建筑师 Elizabeth Vines 说过："一座城市不仅仅只是由砖和灰浆所构成的，而应该是此地独一无二的场所特征及其不断演变的故事的综合性结果。传统街景的拆毁隔断了一个社区与自己特殊过去的联系，这个过程是不可逆的———一旦消失，这些熟悉而尺度亲切的建筑与场所将无法恢复。"

在城市发展过程中，这些再生利用项目由于具有独特的物理特性或可意象性，或具有独特的功能，或与特殊事件相关联，使之对城市和城市中的人产生了影响，从而具有了纪念性。以苏州老火车站为例，其修建于 1979 年，被评为当年苏州最优秀的建筑。苏州老火车站是苏州的城市地标，是城市人与外面联系的重要窗口，它一直被使用到 2007年，见证了苏州自改革开放到经济腾飞的过程，曾与很多人的生活休戚相关，承载着很多特别的故事，是苏州人的集体记忆，加上其建筑风格、造型具有那个时代的典型性，因此具有很强的社会价值，如图 6-2 所示。随着发展的需要，虽然老火车站已不能满足现代需求，但建筑所具有的意义使之具有很高的再利用价值。没有物质性表征的记忆往往是抽象的，旧城里活生生的老街巷、老房子作为存储和见证城市生活的具象符号，借由时间向度的历史叙述，借由城市居民对它们的依恋感，突显了既有建筑所具有的不可替代的集体纪念性，成为记忆以及情怀最重要的载体。

(a) 苏州站旧照片　　　　　　　　　　　　(b) 苏州站现状

图 6-2　苏州火车站实景图

2. 间接性

人与人之间相互交织碰撞所产生的价值，随着人们参与到各种活动中，人与社会之间的利益关系也随之发生着改变，其产生的社会影响涉及的范围是非常广泛的，并且会通过不同渠道相互作用。例如，土木工程再生利用可以提高人民的生活水平和质量。一方面，土木工程再生利用通过修缮工程、增加配套直接提高了当地居民的物质生活水平；

另一方面，土木工程再生利用不仅可以促进相关产业的发展和区域经济发展，也能一定程度上间接提高人民的生活质量。此外，通过对建筑本身的解读，使人们能够从历史、文化与建筑学等多学科领域得到学习和启示，从而提升人民幸福感。由此可见，土木工程的社会价值是多方面并且相互影响的。

此外，社会价值产生的效益有一部分是直接的、可见的，但大多数却是间接的、不可见的。受社会复杂性的影响，社会价值涉及的文化、生态、经济各方面的因素较为复杂，并且各因素没有共同的量纲，许多价值都不能用货币定量，甚至难以用实物定量，如通过产业结构调整带动的相关产业转型升级，对居民心理稳定、居民就业和区域内文化、教育、科技发展等方面的影响等。

3. 宏观性

土木工程再生利用的背景是比较广阔的，改革开放以后，我国在工业化和城市化的进程中取得了令人瞩目的成绩，工业化发展进入新时期，近 20 年来城市建设处于高速阶段；与此同时，面临着资源环境对工业化的约束加剧、社会发展滞后经济发展、城市建设用地短缺等一系列的问题。近几年来，我国积极推进东北等老工业基地的更新改造，政策支持、新兴产业发展、城市规划思路调整的大局面，为土木工程的再生利用提供了有利的条件。全球经济一体化的发展新格局的出现及世界范围产业结构的调整，历史性地推动着各国老工业基地、城市老工业区的协调再生，城市化发展已成为世界各国振兴其国家、地区经济的重要发展战略。老工业基地振兴、老工业区再生、城市化发展等多方面因素共同形成了土木工程再生利用的历史背景。

基于宽广的再生利用背景，土木工程再生利用的社会价值不仅仅局限于一栋建筑、一个具体工程，而是要从全社会的宏观角度出发，以时代为背景，纳入到全社会的宏观轨迹当中，考察项目的存在对社会带来的贡献和产生的影响。土木工程再生利用项目多为了响应国家的政策，在政府指导下进行功能的置换，利益群体繁多，从个人到企业以及当地政府都参与其中，从宏观层面来看，土木工程再生利用有利于保护城市历史文脉的延续性，在自然资源有限且不可再生的情况下，建筑可持续发展强调建筑和城市的发展，应当既满足当代人的需求，又不危及满足后代人生存及其发展的环境，建筑的创作寻求人工环境与自然环境和谐、共生。在可持续发展的观念下，"再生利用"工程(图 6-3 和图 6-4)无疑显示出更大的社会效益。

图 6-3　深圳铁路公园　　　　　　　　　图 6-4　厦门铁路文化公园

6.1.3　社会价值的瓶颈

1. 政策法规

目前，我国已经颁布实施的《中华人民共和国节约能源法》《中华人民共和国防震减灾法》《中华人民共和国文物保护法》等法律法规都对既有建筑的改造做出了明文规定，这些法律法规的发布与实施不仅对土木工程再生利用起着重要的推动作用，还为其保护与再利用提供了法律层面上的帮助。从相关的政策法规的出台来看，很多地方政府已经意识到老旧城区保护传承再利用具有十分重要的现实意义，同时针对相应的政策瓶颈，开始了积极的探索。本章汇总了近年来各地方政府制定的相关政策法规，见表 6-1。

表 6-1　城市更新政策演变

政策法规	发布部门	出台时间
《国有建设用地使用权出让地价评估技术规范(试行)》	国土资源部办公厅	2013 年
《国务院关于进一步做好城镇棚户区和城乡危房改造及配套基础设施建设有关工作的意见》	国务院	2015 年
《财政部 住房城乡建设部关于进一步做好棚户区改造相关工作的通知》	财政部、住房和城乡建设部	2016 年
《城市地下空间开发利用"十三五"规划》	住房和城乡建设部	2016 年
《住房城乡建设部 财政部 国土资源部关于进一步做好棚户区改造工作有关问题的通知》	住房和城乡建设部、财政部、国土资源部	2016 年
《关于加强生态修复城市修补工作的指导意见》	住房和城乡建设部	2017 年
《住房城乡建设部关于进一步做好城市既有建筑保留利用和更新改造工作的通知》	住房和城乡建设部	2018 年

城市更新从开发的层面上来讲，是在存量土地上进行再开发的一种行为。这些政策法规的出台保证了再生利用项目的合规性，有效地推动了其顺利开展。在上层政策的支持和引导下，各城市结合自身特色分别制定了相关政策法规来规范土木工程再生利用利益机制，以满足各方利益诉求，更好地解决再生利用过程中面临的矛盾冲突，见表 6-2。

表 6-2　土木工程再生利用利益机制相关政策汇总表

城市	文件名称	相关内容	时间
北京市	《关于保护利用老旧厂房拓展文化空间的指导意见》	①坚持政府引导，市场运作；②对于符合条件的保护利用项目，可从市政府固定资产投资中安排资金补贴；对于保护利用项目中公益性、公共性服务平台的建设与服务事项，通过政府购买服务、担保补贴、贷款贴息等方式予以支持	2017 年
杭州市	《杭州市文化创意产业发展"十三五"规划》	①提供政策保障，落实现有政策，优化扶持政策，研究创新政策；②提供要素保障，提供资金、土地及人才支持	2017 年
福州市	《关于进一步加快福州市文化产业发展若干政策》	①发挥财政资金的引导作用；②加大金融机构对文化企业的资金支持；③打造文化产业投融资平台；④加大文化产业重点项目的用地保障；⑤鼓励盘活存量房地产资源，以促进文化产业发展	2017 年

续表

城市	文件名称	相关内容	时间
上海市	《关于本市盘活存量工业用地的实施办法》	①健全利益平衡机制；②制定土地价款补偿方式和要求；③明确土地收储规定	2016年
南京市	《关于落实老工业区搬迁改造政策加快推进四大片区工业布局调整的意见》	①支持各地区老工业区搬迁改造投融资平台的建设；②职工宿舍可享棚户区政策，鼓励搬迁企业对原址土地自主进行改造	2016年
苏州市	《苏州工业园区鼓励和发展核心产业的若干意见》	①对核心产业制造类项目提供优惠扶持、技术改造支持；②提供一系列奖励措施	2014年
深圳市	《深圳市战略性新兴产业"十三五"发展规划》	①完善产业人才供给体系；②集聚配置资源，增强产业辐射能力	2016年
广州市	《广州市旧厂房更新实施办法》	①规定了相关部门的职责分工；②规定了项目管理和资金保障；③规定了国有土地旧址改造为居住用地后的收益及补偿；④规定了土地出让金的计算方法	2015年

然而，由于土木工程再生利用系统的复杂性，各城市在推进再生利用的过程中，存在相关政策缺乏统一性和协调性、审批程序复杂、各部门之间联动机制不完善等风险。

2. 界定原则

划定土木工程再生利用的范围应考虑到自然环境的完整性，如历史建筑的边界、建筑物的边界或建筑物所在的区块、地形和植被、景观的完整性、道路和河流等明显的地标，以及行政管辖权都可以作为范围划分的依据。此外，土木工程的范围界定应符合以下原则。

1) 历史真实性

历史真实性的定量表征主要从历史背景进行分析，通常反映了城市某个时代的某项特征，蕴含着一个城市的文化脉络，具有特殊价值及意义。

2) 生活真实性

生活真实性意味着原土木工程不仅是人们过去生活的地方，而且将继续发挥其功能，是社会生活自然的和有机的一部分。这基本上保证了原建筑的社会生活结构和生活方式不会被破坏。

3) 风貌完整性

土木工程的风貌完整性主要包括两个方面的含义：一是该工程必须具有一定程度的良好风格的建筑(图 6-5)；二是该工程整体布局规整，可塑性强，能够满足加固改造的要求。

作为城市规划的发展部门，政府在旧城改造中发挥着重要作用，保护再利用土木工程需要通过立法合法化和规范化。历史文化名城于1982年2月审批下来，而此前对于历史文化名城的保护并未制定过规范，这给保护工作的展开与执行带来了一定的困难。因此，历史文化名城保护规划规范的制定和颁布已成为当前的首要问题。只有有了明确的保护规划规范，才能有效避免人为因素对于既有土木工程的大面积的破坏。其次，使土木工程项目具有明确的产权关系也是政府部门的职责之一。

图 6-5　西安历史风貌保护

6.2　社会价值影响因素

土木工程再生利用社会价值影响因素主要包括社会影响、社会风险、互适影响三个方面。社会影响主要考虑对于市民生活条件和城区发展的影响程度；社会风险主要考虑再生利用对于城区所带来的政策上、经济上、自然环境上的一些风险；互适影响主要考虑区域之间的影响。

6.2.1　社会影响

1. 不同利益群体的影响

土木工程再生利用项目影响范围内的利益群体，按照损益程度可划分为受损、损益均衡及受益三类群体；按照群体影响力的强弱可划分为强势和弱势等两类群体。其中受损群体和弱势群体的影响范围可用其所占项目影响总人数的比值表示，项目对受损群体和弱势群体的影响程度可通过两类群体得到的相应补偿货币额进行分析。以北京 798 艺术区的再生利用为例，其涉及多方利益群体，如图 6-6 所示，不同利益群体之间的博弈很大程度上影响着社会价值的产生。

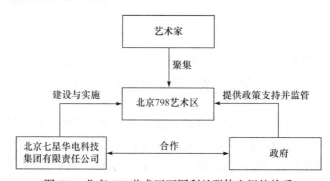

图 6-6　北京 798 艺术区不同利益群体之间的关系

1) 地方政府

地方政府作为土木工程再生利用的倡导者和组织者，主要通过地方政府行政决策权决定土木工程再生利用的方式和必要性。地方政府对市场的干预和宏观调控在很大程度上会通过对土地和房屋的政策制定来实现。同时地方政府作为再生利用项目的动力主体，对开启项目土地流转手续、吸引社会资源以及平衡参与方的利益诉求等方面具有推动作用。

2) 开发商

开发商是项目的策划者以及运营者，在地方政府引导型的开发模式中处于主动地位，而在地方政府主导型的开发模式中则侧重于配合。开发商的作用一方面是积极配合地方政府工作，按照地方政府对项目的区域定位进行建设方案调整，并向地方政府报备计划开发方案，同时寻求优惠政策、专项资金扶持以及区域宣传等相关资源倾斜；另一方面则是按照市场经济规律，选择其认为的最佳计划方案，投入资金以及相关技术管理人才来追求经济利益最大化。

3) 原所有者

原所有者是项目运行中的执行者和推动者。原所有者对项目再生利用进程具有重要的影响，原所有者的积极配合能够大大减少项目再生利用时间及经济成本，同时部分原所有者在项目立项之初以投资建设或者股权投入的形式参与项目筹建，采取此方法延续了对项目的管理决策，缓解了项目资金压力并加速了项目再生利用进程。

4) 使用者

土木工程再生利用是对原有的工程项目进行整改和建造，其再生利用会改变原有建筑的用途、形状和周围环境，以至于也会改变周边居民的生活习惯。此外，再生利用保留的文化内涵可以丰富居民的文化素养，在精神上丰富使用者的生活，从而提高其生活质量。

2. 基础设施建设和城市化进程的影响

城市基础设施对于城市的运转与发展来说起基础作用，基础设施建设必须先行，其发展规模、速度与经济社会发展相比必须超前，否则会制约经济社会的发展。再生利用项目以原有的基础设施为依托，很大程度上减少了投资方或政府的投入。另外，土木工程再生利用，比起一般的旧居住区的住宅拆迁来说矛盾比较小，建设当中少了很多限制问题，有利于快速改造、重新投入使用，并且节省了拆除原有建筑和清理场地的费用。既有建筑一般都具有比较宽裕的基础设施，如电力设施、给排水设施等都有较强的负荷能力，土木工程的保留再利用也可以节省添置这些设施的费用。

1) 基础设施完善

土木工程再生利用获得可持续发展的基础是市政基础设施系统的建设，针对当前市政设施落后的问题，必须要结合实际加快供水、污水处理等重点城市基础设施的建设，控制和加强黄线管理，保证基础设施建设工程顺利进行。近几年来，一些城市采用曲线设计的方法解决基础设施落后的问题，例如，将旧城改造和新区建设结合在一起，在新区建设一段时期后将旧城人口疏散到新区中，这样旧城的基础设施压力会因为人口容量的降低而减轻，然后又在之后的一段时间内集中对旧城基础设施进行改造和更新，不仅完善了改造区的配套设施，还能满足其他区域的基础设施要求。

2) 公共服务设施完善

土木工程再生利用前后当地基础设施的变化改善了原有的基础设施，主要包括水、电、气等供应设施，以及排水设施、交通设施和服务网点。我国目前还处在城市化的初级阶段，城市还处于不平衡的发展中，所以应分析土木工程再生利用项目的实施和运营对当地文化教育水平、医疗卫生设施的影响，分析其是否有利于改善当地居民的教育质量及卫生健康状况。针对教育科研、医疗卫生、文化体育、社区服务等公共服务设施的建设，应从城市整体规划设计的角度出发，根据公共服务设施配置要求，完善社区服务设施建设，增加必要的设备，完善相关服务功能，增加服务内容，建设老年服务、家政服务、婚前服务、法律咨询服务等服务中心和体系，在改造中还可增加健身、娱乐休闲等服务中心和体系来完善社区服务网点，通过公共服务设施的建设满足居民的各项服务需求。

3) 交通设施完善

改善基础设施条件，特别是交通运输状况，是土木工程再生利用的重要一环。老旧城区往往人口密集，过度拥挤，将部分人口迁出，降低区内的人口密度，可以扩大城区的产业发展空间。而随着人口的迁出，居民对便捷的交通设施要求明显提高，世界老旧城区改造的历史表明，发展城市轨道交通是一个必然的选择。另外，随着小汽车数量的增加，为满足停车需求，必须要考虑到停车位的建设问题。如何解决乱停车和停车位缺乏的问题是当前老旧城区改造建设中需重点考虑的问题。小汽车停车位必须和本地道路的承载力相协调，不应过分控制住宅配建停车，而应对公共建筑的配建停车进行一定限制(图 6-7)。此外，道路环境设施，如路面、绿化、交通标志、交通信号灯、公交站点和候车厅在改造时要从细节设施着手，加大对材料、色彩和体量的控制，采用多样的设计手段创造便捷的交通条件，可以为街道景观增添一道亮丽的风景(图 6-8)。

图 6-7　再生利用园区停车位　　　　　　　图 6-8　园区交通道路设置

3. 历史文化及城市文脉的影响

土木工程承载着我国文明发展的历史轨迹，是城市空间发展中不可或缺的重要组成部分。建筑是城市环境不可分割的一部分，建筑文化具有地域性、民族性和时代性，是城市中积淀了丰富的历史底蕴的物化载体。对土木工程的再生利用可以实现其独特历史文化与现代城市空间的重新融合，使城市文脉得以延续，且更加丰富。土木工程再生利用项目对历史文化和城市文脉的影响程度可用改造深度或保留程度表示，包括建筑外立面装饰、内部装饰、整体结构等，如图 6-9 和图 6-10 所示。在建筑的表皮改造中，一些特殊生产构件虽然已不再发挥作用，但这些实物的继续存在就是对那个时代的历史和文化的最好追忆。

图 6-9　建筑外立面装饰

图 6-10　建筑内部装饰

6.2.2　社会风险

1. 自然资源风险

随着城市土地功能置换的不断展开，原工业区或企业转移到新兴的工业园或城市近郊地带，原址多处于城市中心等繁华地段或滨江的优良地段。如图 6-11 和图 6-12 所示的这些地区具有较大的商业价值。土木工程再生利用项目的实施及运用对周边地价的影响包括地价影响范围、地价影响效果及影响程度等。项目对地价有两方面的影响，包括有利影响与不利影响。这里主要确定项目对影响区域的有利影响和不利影响的区域面积。项目对地价的影响效果及影响程度可以用既有建筑改造前后地价的变化来表示。项目对资源综合利用的影响(分析土木工程再生利用项目对水、土地、森林、草原、野生动植物等自然界中对人类有用的一切资源的综合利用)，主要以资源的综合利用程度来衡量。

图 6-11　上海田子坊

图 6-12　广州太古仓码头

此外，部分既有建筑所占的用地面积较大，在土木工程再生利用为其他用途时，应考虑土木工程再生利用及使用过程中对土地资源、原材料、水资源的节约程度。如土木工程再生利用时是否考虑项目对土地资源的节约利用程度；再生利用项目在使用过程中是否有雨水收集及中水利用等节水设施。在土木工程再生利用为其他用途时，还应当考虑项目对资源开发的促进作用，如自然资源开发、人力资源开发、旅游资源开发等。

2. 经济风险

首先，项目对所在地区产业结构的影响带来的经济风险。产业结构是衡量地区经济发展的重要内容，一般是指生产要素在各产业部门间的构成比例及相互之间的依存和制约关系，产业结构配置的合理性可以直接体现地区经济发展的水平，表现了土木工程再生利用项目对促进地区产业结构优化的影响程度。例如，工业建筑通过再生利用为民用建筑，其用途由第二产业功能转变为第三产业功能，有利于城市产业结构的调整升级。

其次，项目对国民经济的影响。土木工程再生利用项目一般会有大量资金的注入，这必然会推动区域经济的发展。20 世纪 30 年代，经济学家凯恩斯认为投资是促进经济增长的主要因素之一，同时在一定消费倾向下，国民经济中新增加的投资可以致使收入成倍增加。在土木工程再生利用过程中，由于原材料的消耗、新技术/新能源的应用等一系列活动都需要资金的支持，因此会促进区域内建筑业、原材料供应、新技术/新能源研发等相关部门的发展，同时对这些相关行业产生显著的经济拉动作用。如果土木工程再生利用为教育产业园，除以上影响以外，对国民经济的发展还有潜在的促进作用，教育虽然不能直接产生国民收入，但是经过高等教育机构培养的劳动者一旦参加到生产过程中，或者加入到有助于生产的部门，就会创造出巨大的物质财富和经济价值，从而促进国民经济的发展。

6.2.3 互适影响

1. 项目相关利益群体的参与程度

土木工程再生利用项目的建设和运营涉及较多的利益群体，包括城市规划部门、建设主管部门、项目开发商、设计单位、原所有者、项目施工单位、项目建成后的使用者、项目周边企业及人群等。各利益群体在土木工程再生利用项目中所处的不同位置决定了各利益群体所受项目影响的程度也不尽相同，同时各利益群体在土木工程再生利用项目中所发挥的作用也不相同。按照利益群体与土木工程再生利用项目的相关程度可划分为直接利益群体和间接利益群体。土木工程再生利用项目的直接利益群体是指在土木工程再生利用项目影响范围内与项目有直接关系的利益群体；土木工程再生利用项目的间接利益群体是指与土木工程再生利用项目有间接关系的利益群体。

2. 项目与现行法律法规规范的相符性

由于我国关于土木工程再生利用项目的法律法规还不健全，部分再生利用项目具体实施时缺乏可靠的法律法规作为依据，从而使项目的融资复杂化，且风险增大。因此，土木工程再生利用项目和当地政策以及现行法律法规规范的相符性，很大程度上影响着项目社会价值的产生。一个具备丰富社会价值的再生利用项目必然是贯彻国家和地区宏观发展政策与方针，遵从与国家和地区的经济发展相关的法律法规规范的要求。

3. 项目所在地既有基础设施的支持程度

既有土木工程项目的再生利用离不开项目所在地既有基础设施的支持，如果再生利用项目所在地有较好的既有基础设施，那么就可以节省大量的基础设施建设费用，从而将有限的人力和物力集中于土木工程再生利用项目。

4. 项目影响范围内技术的支持程度

项目影响范围内，需要评价当时再生利用的技术水平是否满足项目所要求的条件，主要评价当时的技术是否能够在技术层面满足要求，能否保证土木工程再生利用项目既定目标的实现。由于受到社会发展水平的限制，在进行墙体施工时，所使用的施工材料大都是红砖和黏土，且与屋面施工存在相同的问题，即保温效果不佳，屋面所消耗的能量相对较高，占整个建筑所消耗能量的 9 %左右。项目的结构加固(图 6-13 和图 6-14)以及绿色节能改造等都需要技术的支持。

图 6-13　结构加固　　　　　　　　　　图 6-14　旧居加固保护

6.3　社会价值表现形式

土木工程再生利用的社会价值主要表现在满足社会群体利益、改善地区经济状况、以及促进社会和谐发展三个方面。

6.3.1　满足社会群体利益

人们通常会在长期居住地建立起紧密的社会联系，随着经济的发展，人们对于生活质量的期待值越来越高，原有的建筑功能以及生活配套设施难以满足现有的要求。通过对老旧街区的再生利用，使既有建筑的功能得到置换，使区域重新焕发活力，转变为适宜居民活动的场所。一方面，可以满足人们对日常生活、居住等方面的物质需求，提高其生活舒适度，另一方面，对原项目包含的丰富的文化价值的保留，也会丰富居民的文化素养，提高居民素质，从而提高居民的生活质量。

现有的老旧城区由于经济和相关政策的原因，存在居住密度较高的问题，居民的个性使用空间完全或大部分丧失。城区内基础设施的设立是提升市民满意度的重要途径，为了满足街区居民的生活需求，再生利用后的街区通常会为居民提供基本生活服务和社会服务，采取的措施有提供健身器材、新建绿色健身小广场等，使街区内部场地实现功能多样化。舒适的街区环境意味着能够为生活提供多种选择，再生利用后的广场以及公园的空间结构得到重新调整，如合理安排景观小品以及街区 Logo，适当安置休息座椅。另外，健身小广场的设置给市民提供了更加舒适的运动场地(图6-15)，增强了全民运动的意识。有的园区还会定期举行文化展览、文创市集等创意活动，丰富了市民的精神文化生活。

(a) 工人生活村院内的休息长廊　　　　　　　　　(b) 工人生活村雕塑

图 6-15　修缮后的健身小广场

　　一般来说，城市的历史和文化都集中在老旧城区和文物中，历史文化载体也通常出现在城市的老旧城区中，其中大量的文化底蕴和内涵有待发掘。老旧城区的大多数居民都具有强烈的认同感，这种和谐的邻里关系对老旧城区情感关系网络的维护和发展都会产生积极的影响。同时，老旧城区的建筑风格、街巷格局、装饰纹样和色彩等也都承载了大量历史信息(图 6-16)；老旧城区内居民的民俗礼节、传统生活方式的留存程度也明显高于新建城区；民间手工艺(图 6-17)、曲艺娱乐活动等历史文化遗产也集中呈现于此。

图 6-16　老旧城区街巷格局　　　　　　　　图 6-17　民间手工艺

　　除项目本身的社会价值之外，土木工程再生利用通过提高居民文化素养也能提升居民的生活质量。例如，沈阳就走在一条以博物馆为主的老旧建筑再生利用保护的道路上。沈阳铁西区实行"东搬西建"计划之后，对遗留下来的许多既有建筑进行了改造，如图 6-18 和图 6-19 所示，旨在以工业遗产旅游的形式来向全国乃至全世界宣传铁西区。原有的铸造博物馆记载着社会进步的点滴，具有当地的特色和当时的工业特点。当下，正是改革创新的好时机，人们通过科学和人才的竞争，为经济的发展提供了有效的方式，没有先进的科学文化就没有经济的发展，这也是博物馆存在的社会意义。提高全民的文化素养，是教育的关键。争取做到将博物馆面向全社会，为更多的人服务，这样才能在经济上得到较大幅度的提升。随着人们对精神文明的向往，越来越多的人选择长假出游，在壮观的博物馆内不仅能够提高个人的素养，还能够增加人们的幸福感，这样使得博物馆的功能在教育上得到了充分的发挥，能够提高居民素质，取得良好的社会价值。

图 6-18　沈阳工人村生活馆

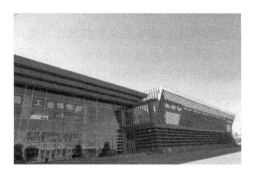

图 6-19　中国工业博物馆

6.3.2　改善地区经济状况

原土木工程所在区域曾经大多位于城市的边缘地区，随着城市的不断更新发展，现在已是城市中的黄金地带，具有优越的地理位置。再生利用之前，由于原区域基础设施不完善，生活环境差，很大程度上限制了区域的发展。对于土木工程的再生利用可以促进并改善区域的基础设施，优化区域生活环境，提升区域整体水平，促进区域经济发展。

例如，西安建筑科技大学华清学院处于东郊浐灞生态区和东南郊曲江旅游度假区的夹缝地带，陕西钢铁厂的再生利用改变了人们对于原有旧工业片区的城市印象。依托于华清学院的人文基础与创新环境，以及由此汇集的人流、物流资源，地段原有风貌发生了巨大改变，地段活力被大大提升，如图 6-20 和图 6-21 所示。而工业厂房的更新改造也为场所原有特征保存了一份独特的记忆，这种旧工业风貌与新文教功能的叠加赋予了城市地段新的活力。

图 6-20　创意园广场

图 6-21　西安建筑科技大学华清学院

另外，土木工程的再生利用通常伴随着老城区产业的转型升级。土木工程再生利用项目以低消耗、低排放、低污染、高效率、高产出为主要特征，有利于现代化产业体系的构建，促进城市功能由第二产业向第三产业转变。通过产业结构调整及不断改善，能够促使优化资源配置，促进土地增值，带动相关的产业转型升级。功能重构后，优越的地理环境和创业氛围也将吸引大量的创业人士聚集,从而达到促进区域社会经济发展的目的。

城市基础设施是城市建立的各种机构和设施,用来促进各种经济活动和其他社会活动的顺利进行。城市的发展是一个新陈代谢的过程,不可避免地进入从出生到衰退再到重生的循环中。建成几十年的城市可能面临基础设施滞后、城市血液老化带来的痛苦。因此,基础设施升级是城市更新的重要原因。加快完善老旧城区陈旧的基础设施,并通过控制城市再开发的强度以减少对基础设施的压力,是城市更新中必须重视的方面,如图 6-22 和图 6-23 所示。土木工程再生利用不仅会增加教育基础设施、卫生基础设施等的数量,也能发挥其他基础设施的潜力,使得基础设施的数量和质量都有所提高。土木工程再生利用会在一定程度上提升周边商业水平,使得周边商业活动举办得更加频繁,繁荣周边地区经济。土木工程再生利用对增加周边道路数量或者提升周边道路的利用率上也会做出贡献,也即提升道路利用率水平。

图 6-22　文化广场　　　　　　　　　　　图 6-23　湖心走廊

例如,在政府产业调整政策要求下,按照广州市委的"三旧"政策,广州纺织工贸集团有限公司和深圳德业基投资集团有限公司合作,成立了新仕诚企业发展有限公司,对厂房进行了改造以及管理。园区最初的定位是围绕服装产业链来展开,后来随着科技和时代的发展以及大量科技类公司的入驻,现发展为以服装时尚产业为依托,以创新创意等新兴业态为加速动力,以科技互联网为主导产业的产业集群生态圈。现入驻有微信、氪空间、爱范儿、药师帮等公司。园区产业链的调整给当地政府带来了可观的税收收入。

6.3.3　促进社会和谐发展

原企业由于停工停产、破产等原因,产生大量的下岗职工,若无法妥善安置会激化矛盾,影响社会安定。土木工程再生利用项目在设计、建设、运营的每个阶段都需要大量人员参与,因而可以为周围居民提供就业岗位。项目建成后,作为融合时尚、美食、文化、休闲、购物、旅游等多元消费业态的综合商业体,可以创造更多就业岗位,直接解决就业问题;多元商业模式的介入为区域发展注入了新鲜血液,也有助于改善就业环境。例如,陕西钢铁厂改造后的西安建筑科技大学华清学院的建立,既解决了西安建筑科技大学在当时办学条件下办学资源匮乏的问题,又替地方政府分忧解难。政府对于原企业职工的补偿方式为推荐再次就业,同时,对于不能再次就业的职工,政府需要权衡社会公正与原企业职工的利益,给予合理的补贴。陕西钢铁厂停产前厂内仍有在册职工 7000

余名，一年仅工资等基本费用就达到 3000 余万元，破产拍卖成为陕西钢铁厂唯一的出路。2002 年，陕西钢铁厂进行破产拍卖。同年 10 月，西安建大科教产业有限责任公司成功以 2.3 亿元收购陕西钢铁厂资产，在西安建大科教产业园的基础上，成功地安置了原厂 2500 余名职工，维护了地区的安全、稳定，成为当时颇具轰动效应的新闻。

另外，土木工程再生利用有利于保存现有社会生活方式的多样性。若对其进行彻底的置换更新，带来的结果常常是破坏了原有的居住生态，使得它和城市的新兴区域统一化，抹杀了社会生活方式的多样性。现在，人们对"生活式样"和"自我意向"的迷恋程度加剧，土木工程再生利用恰恰为产生这样一种能满足消费者多种口味、时尚潮流的建筑空间提供了更多可能性。例如，大华·1935 区别于千篇一律的建筑趋势，秉承保护建筑传统风貌与历史记忆、尊重场所精神的原则，充分地展现了工业文明与地域特色。在材料运用方面，就地取材，对原有建筑拆除遗留下的砖瓦等材料进行再利用，使其与现代花岗岩或水泥板进行拼接，形成全新的构图方式，巧妙地将不同时期的建筑风格融为一体。项目经过了设计团队的系统规划，对原有建筑采取适当的再生利用策略，并制定切实可行的方案，使之维持原有文化特色，恢复自身活力，在改善环境的同时将传统风貌融入现代生活，丰富了城市的建筑形态。

人们的生活需要室内空间，同样也需要户外空间。随着生活节奏日益繁忙，随手可得的户外休息变得不易。绿道的规划建设，让处于城市任何角落的我们都可以随时享受这份自然的馈赠，如图 6-24 和图 6-25 所示。老旧城区的再生利用过程中除进行建筑和街道的改造外，还会面临街道功能的转化问题，这些问题如果处理不好会导致经济方面的失败，从而影响到老旧城区更新的进程。因此，老旧城区在功能定位时应突出其自身文化性、商业性强的特点，同时应将一些周边邻近地区的文化设施纳入到其整体中。

图 6-24　再生利用后的花园码头

图 6-25　修缮后的老城区街区

此外，土木工程再生利用还有利于保存人们对场所文化的认同感和归属感。城市高速发展使得城市风貌在短时期内产生巨变，随之改变的还有人们的生活习惯、社会习俗，这一系列变化造成了城市群体记忆的快速丧失，这已经成为国内城市建设过程中的普遍现象。老旧城区的更新面临着历史文化传承、传统意识延续、城市景观协调等复杂问题，这是构成居民认同感和归属感的心理因素的外在表现。既有建筑虽然已不适应现代化的功能要求，但它记载了一段历史，原有的环境所蕴含和形成的场所文化能够激起人们的回忆与憧憬。如图 6-26 和图 6-27 所示，建筑空间能与人产生交流，人们因他们在自身所处场所中的共同经历而产生认同感和归属感。因此，对土木工程进行恰当的再生利用，使之在改善环境、恢复活力的同时维持原有的文化特色，保护现有社会生活方式的多样性，丰富现代城市的社会生活形态，有助于促进社会和谐、稳定地发展。

图 6-26　农民工博物馆

图 6-27　厂房外立面标语

思 考 题

6-1. 土木工程再生利用社会价值的特征是什么？

6-2. 土木工程再生利用社会风险具体内容有哪些？

6-3. 土木工程再生利用是如何通过社会价值改善地区经济状况的？

6-4. 简述社会价值对不同利益群体的影响。

6-5. 土木工程再生利用互适影响的具体内容有哪些？

6-6. 土木工程再生利用的界定原则包括哪几方面？

6-7. 简述土木工程再生利用是如何通过社会价值促进社会和谐发展的。

6-8. 如何理解土木工程再生利用的社会价值？

6-9. 思考土木工程再生利用社会价值的瓶颈，应该如何解决？

6-10. 结合具体的再生利用工程案例，试分析案例中社会价值的具体内容。

参考答案

第7章　土木工程再生利用价值评定模型

7.1　价值评定基础

7.1.1　价值评定的内涵

价值评估、价值评价和价值评定从表面上看都是对土木工程对象进行价值分析，但其本质上却存在着差异。本章通过对比分析价值评估、价值评价和价值评定的基本内涵，进而剖析土木工程价值评定的本质含义。

价值评估是依据某种目标、标准、技术或手段，对收到的信息，按照一定的程序进行分析研究，判断其效果价值的一种活动，通常是对某一事物的价值或状态进行定量分析和评价的过程。从某种意义上来讲，评估是对评估对象或所处状态的一种意见或判断。

价值评价本质上是判断的一个处理过程，通过对评价对象的各个方面(根据评价标准)进行量化或非量化的测量过程，最终得出一个可靠的结论。

价值评定则是主体在对客体本质进行认识的基础上，以主体的内在需要来评定客体，主要评定客体对主体是有利还是有害，是好还是坏，有价值还是无价值，以及价值是大还是小。价值评定以价值的客观性为基础，更主要的是体现主体需要，故评定侧重于价值的主体性。因此，在价值评定过程中需要制定科学的评定体系和评定标准，使评定更加合理。

从以上对三者内涵的描述中可看出，价值评估、价值评价和价值评定都是对对象的价值进行评判，其区别如图7-1所示。从字面上看，评价就是评判价值的缩略语，而评估则在判定之外有估计之意。一般认为，评定是确定性强的，而评价和评估则是确定性弱的。但事实上未必如此，将价值评判用于广泛的社会领域，价值的定义必然是广泛的，判定不可能是很绝对的，只是相对而言价值评定更加客观，而不否定存在估计性质。因此，评价、评估、评定从客观性程度上并没有什么原则性的区别，只存在相对的强弱。三者都是基于衡量某一特定对象的标准(如质量、特征、价值等)而所做出一个评判的过程及得到结果。结合土木工程再生利用的特点，土木工程再生利用价值评定即为经过评判和审核来决定土木工程再生利用等级、能力等，进而判定其再生可行性的主体价值测量过程。

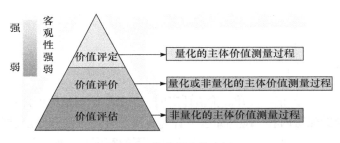

图 7-1　价值评定的内涵

7.1.2　价值评定的特点

1. 价值组成的多元性

通过分析土木工程再生利用的价值组成，可知土木工程再生利用价值包括空间安全、投资价值、文化价值、生态价值及社会价值五个部分，这五个部分可通过各种指标进行衡量，进而综合评定土木工程再生利用价值。

2. 评定内容的广泛性

土木工程再生利用价值组成的多元性造就了其评定内容的广泛性，使得对土木工程再生利用的每一种价值的评定都涵盖了特定领域的内容。为使再生利用价值评定结果更为准确合理，就需要对再生利用的各个环节、各个指标进行细致的分析，还需深入地研究土木工程再生利用后对城市的生态系统、经济系统、人文系统等的作用程度，对这种关系尽可能地量化，才能更好地确定其再生利用价值。

3. 评定对象的时空差异性

我国历史文化悠久，不同地区、不同年代的土木工程有其不同的价值组成，价值等级也不尽相同，这就造成了土木工程再生利用价值评定对象的时空差异性。因此，对土木工程再生利用进行价值评定时需要以地域、年代分布为重要的参考依据，在此特点下不仅要适当选择评定方法，而且要考虑评定对象的范围。

4. 评定方法的综合性

土木工程再生利用价值组成的多元性和评定内容的广泛性决定了其价值评定必然是一个由多指标综合实现的过程。每一种指标组成可采取不同的评定方法进行评定，包括福利经济学、计量经济学、环境经济学以及工程经济学在内的各种评定方法都有自身的适用范围，在进行评定时需要将这些方法综合起来，根据不同指标的特点选择适合的评定方法，这样才能够正确反映土木工程再生利用的价值。

5. 评定结果的指导性

土木工程再生利用价值评定虽多采用的是主观分析评定方法，其评定结果受受访者主观意愿影响会有一定的偏差。因此，以价值评定的结果作为土木工程再生利用的依据目前是有一定困难的，但是对于促进土木工程合理、高效再生利用具有非常重要的指导性意义。

7.1.3　价值评定的原则

1. "三公"原则

"三公"即公平、公正、公开。价值评定的"三公"原则是保证评定客观的基础，针对评定中未涉及的保密内容，应尽量公开评定标准、评定方法和评定过程，以公开促公正，用公正保公平，实现公开、公正、公平环境下的客观，并保证评定主体的独立性。

2. 科学性原则

科学性原则是指价值评定中用到的方法、标准、程序以及评定结果都应经过科学的筛选或论证，同时还要保证评定过程和结果的可重复性，即按照相同的评定过程、相同的评定方法的得出相同评定结果的概率。一般而言，得到同一结果的概率越大，表明评定结果的科学性及可靠性越高。由于多种因素耦合作用，评定结果往往为一种概率事件，但是评定过程越公正、方法越科学，结果的趋同性必然越强，评定结果也就越科学。

3. 全面性原则

全面性原则就是对评定对象进行价值评定时，应从系统的整体性、有机联系性、动态性和有序性等特点出发，遵循全面、相互联系、发展的观点进行评定，使评定更准确、更概括和更深化。同时由于价值评定是一个复杂、多因素综合的系统，而且各因素之间存在相互关联、相互制约的关系，因此对其评定时不能使用单一的评定指标，必须以多因素为依据，建立综合的评定指标体系，保证评定的全面性。

4. 可操作性原则

评定的目的在于指导工程项目实践活动，因此要求评定能迅速、准确地反映评定对象的价值，这就要求评定既要兼顾全面，又要适当舍弃影响不大的次级效应，简化评定过程，选择有效指标，迅速得出评定结果。因为价值评定涉及的相关因素较多，关系冗杂，而且评定的方法和指标也十分复杂，在实际的评定中不可能做到面面俱到，所以必须以实用和可操作性为原则，保证评定过程的实操性。

5. 定性评定与定量评定的原则

随着电子计算机的广泛应用，各学科(包括管理科学)都有可能从已知数据中推论出未知的数据，所以定性评定和定量评定的作用日益重要。由于影响价值评定的因素众多，同时许多因素具有模糊性及复杂性，因此进行评定时，要坚持定性评定和定量评定二者的结合运用，同时将定性描述以逻辑判断的方法进行量化处理，保证对被评定对象做出的评定准确、科学。

7.2 价值评定流程

7.2.1 价值评定准备工作

1. 组织准备

1) 成立小组

为保证价值调查与价值评定工作的顺利进行，应成立"土木工程再生利用价值调查与评定工作小组"，由专人负责组织协调，落实人员，安排资金，制定工作计划，指导调查工作。小组设组长，实行组长负责制，负责工作组织、成果汇总和工作指导等工作。

2) 成立技术组

成立由组长带领的"土木工程再生利用价值调查与评定工作技术组"，负责制定技术方案，组织技术培训，提供技术指导，确保评定技术措施落实到位。

3) 成立专家组

聘请建筑学、土木工程、城乡规划以及有关专业的专家成立"土木工程再生利用价值调查与评定工作专家组"，参与价值调查与评定的技术指导，研究确立评定指标，确定各指标的具体分值等。

2. 物质准备

1) 数据信息处理系统

采用现代化办公设备，如计算机、打印机、扫描仪等数据信息处理设备，以提高工作效率，提高数据处理的科学性、准确性。

2) 调查用品及资料

准备价值评定资料袋、纸笔、档案袋、国家及地方现行相关标准文件等。

3. 技术准备

1) 制定实施方案

组织专家确定调查与评定的技术及实施方案，确定土木工程再生利用价值调查与评定的技术路线和方法。对调查目的、调查内容、组织形式、技术路线、调查与评定方法、预期成果、计划进度和经费预算进行明确规定。

2) 广泛收集资料

可以通过网上数据搜查、现场实地调研等方式，广泛收集整理统计土地、水利、气象、经济、政策等相关评定所需的图像、文字和表格资料。

3) 加强人员培训

对参与土木工程再生利用价值调查与评定的相关人员进行系统培训，使每个人系统掌握价值评定的技术方法，保证评定工作科学、准确。

4. 资料准备

1) 图件资料

(1) 土木工程原规划图。

(2) 土木工程土地利用现状图。

(3) 土木工程主要污染源点位图。

(4) 土木工程再生利用规划图等。

2) 文本资料

(1) 土木工程土地详查资料。

(2) 土木工程历史破损及修补资料。

(3) 土木工程历年统计年鉴。

(4) 土木工程施工日志。

(5) 土木工程沉降观测测量记录等。

3) 数据资料

(1) 土木工程所在地历年气象资料。

(2) 土木工程所在地主要污染源调查数据。

(3) 调研走访所获取的数据资料等。

4) 其他相关资料

(1) 土木工程所在地土壤改良、水土保持、生态建设资料。

(2) 土木工程所在地相关部门访谈视频、录音或照片资料。

(3) 土木工程再生利用预期效果文件等。

7.2.2　价值评定工作程序

土木工程再生利用价值评定的流程图如图 7-2 所示，主要包括前期资料收集与分析、初步确定指标体系、指标体系优化、确定指标体系权重、价值综合评定以及再生利用价值评定结论分析六大部分。

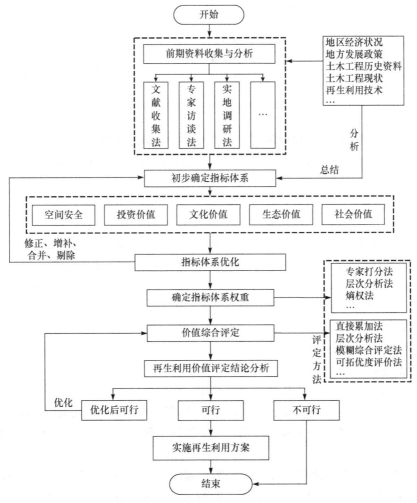

图 7-2　土木工程再生利用价值评定流程图

1. 前期资料收集与分析

建立指标体系是土木工程再生利用价值评定的核心环节之一，因此建立科学可行的指标体系尤为重要，指标体系是否科学很大程度上取决于能否获得目前所能得到的最准确信息。收集数据的原则是：得到的数据尽可能是最具时效性和准确性的，而且它必须得到充分的证实。有些数据变化得比较快，这就需要使用能够得到的最新数据；有些数据变化不快，因此稍陈旧的数据也可以使用，现场调查数据与指标体系之间的对应关系如图 7-3 所示。

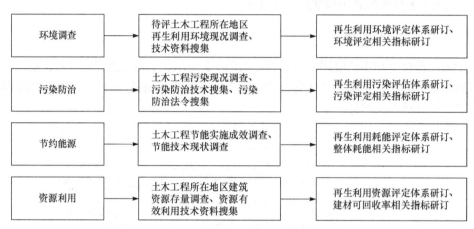

图 7-3　现状调查数据与指标体系对照表

对于土木工程再生利用价值评定而言，大多数指标都是通过查阅相关历史文献、访谈相关学者或实地调研获得的，另有部分数据需要去相关政府部门搜集，还有的数据要通过召开专家会议打分获得。翔实可靠的资料来源是构建土木工程再生利用价值评定体系的基础，也是制定再生利用方案的先决条件。

1) 文献资料收集

这是基础资料最主要的来源，包括三个方面：①各级别的政府工作报告、文件、政策、法规等；②普通和专业出版物，如地方史志、地方报纸、城市建设史、城市建筑史、城市地图等；③图片，与宣传、土木工程建设过程有关的照片等。为保证最终使用的资料科学可行，在使用收集到的资料时，应该有所选择。其中有些资料，如出版物是经过整理的第二手资料，使用前需要予以证实；也有些资料，可能已经不具有时效性，只能作为参考资料使用。

2) 专业规划与勘测

由于我们是对既有土木工程进行再生利用，因此为保证资料的可靠性，需要到政府相关部门中查找有关的历史图纸，如卫星遥感图、航拍影像图，以及城市地区勘测图、城市规划图等，这些图纸都是由权威机构和专业部门所测量和绘制的，具有科学性。

3) 实地调研

这是获取资料最直接的方式之一，一般可通过实地观察、问卷调查、现场询问、测绘、速写、拍照等手段获取。现场询问主要指从当地居民的手记资料或口述中了解该工程的历史和社会文化的发展变迁。在实地调研的过程中需要注意方式尽量通俗化，不宜过于专业，因此该过程宜配合问卷调查、座谈与交谈的形式，以达到更好的调查效果。但是以这种方式获取的资料随机性很大，质量参差不齐，因此必须在使用前予以证明，但这也是了解土木工程历史最有潜力的资料来源。

2. 初步确定指标体系

确定各层指标、构建指标体系是进行后续工作的基础，也是再生利用方案可行的先决条件，所以该过程至关重要。它在以空间安全、投资价值、文化价值、生态价值、社会价值的大框架下，结合前期资料收集与分析的结果和土木工程再生利用的影响因素，确定每一个价值指标的下级指标，由此初步建立指标体系。

3. 指标体系优化

为提高价值评定的实用性、针对性和全面性，在初步确定指标体系时，可能会出现许多对评定结果影响不大的指标，也可能因为确定的指标具有同构性、同态性等特性，有必要对指标体系进行优化，在不影响最终结果的基础上，使价值评定计算更加简便、适用。

指标体系优化主要包括四个方面的内容：①优化初步确定的指标体系，就是对所选择的指标体系进行初步的筛选，借助经验和专业知识，分析、判断、剔除明显不合适的指标；②通过理论分析和频率统计，选择符合理论并且频率较高的指标；③检验各指标的独立性，就是对交叉重复的指标再次选择和重组，以获得科学合理的指标体系；④确定最终优化后的指标体系。

4. 确定指标体系权重

评定指标的权重是对各个评定指标在整个评定指标体系中相对重要性的数量表示，科学合理地确定指标权重是整个过程的核心环节，能否科学选择适宜的权重赋值方法，决定着整个评定工作成功与否。

确定指标权重的方法有很多，从国内外研究现状来看，主要集中在主观赋权法、客观赋权法和主客观组合赋权法三大类，包括了德尔菲法、专家排序法、二项系数法、层次分析法、主成分分析法、因子分析法、直接赋权法、比较矩阵法、秩和比法、环比评分法、重要排序法、组合最小二乘法等。但不论是主观赋权法、客观赋权法，还是主客观组合赋权法，都有其各自的优点和缺点，见表 7-1。

表 7-1　价值评定赋权方法的优劣势对比

赋权方法	优势	劣势
主观赋权法	反映了评定者(或决策者)的主观判断或直觉，过程较简单	在综合评定结果或排序中可能产生一定的主观随意性，即可能受到评定者(或决策者)本身知识或经验的影响
客观赋权法	通常利用比较完善的数学理论与方法	忽视了决策者的主观信息，可能会出现权重系数不合理的现象，影响指标的重要性
主客观组合赋权法	结合主、客观的优点，赋权的结果尽可能接近实际结果，更具合理性	权重分配难以平衡，且计算过程烦琐，应用性及可操作性不强

5. 价值综合评定

土木工程再生利用价值评定包括两部分内容：一是单项指标评定，即根据对上述土木工程再生利用价值评定指标体系中单个指标评定的结果，衡量指标体系中各指标的状况；二是综合评定，价值综合评定是对价值体系进行更为全面的评定，即将评定指标体系中所有指标按照一定的综合方法，组合成一个总体无量纲值，并通过判别该值的大小，实现土木工程再生利用的价值评定。

6. 再生利用价值评定结论分析

土木工程再生利用价值评定结论的内容因其不同对象、不同类型而各有差异，但通常情况下都应包括高度概括评定结论，从价值角度给出在评定时评定对象与国家有关法律法规、标准、规章、规范的符合性结论，提出再生利用的可行性结论以及需要采取的优化措施。评定结论应全面地考虑待评土木工程对象的各项指标，并以逐级向上的主线对五大价值进行分析。由于系统内各指标层评定结果之间存在关联，且各单元评定结果在重要性上并不平衡，对价值评定结论的贡献有大有小，所以在编写评定结论之前要对单元评定结果进行整理、分类，并按照严重程度和发生频率分别将结果排序列出。

土木工程再生利用价值评定结论可分为三类：可行、优化后可行和不可行。可行是指该再生利用方案可使土木工程对象达到预期再生利用效果，可执行该方案；优化后可行是指该再生利用方案某些指标构建得不合理，但与预期相差不大，可通过改善指标体系以达到预期再生利用效果；不可行是指该再生利用方案所构建的指标体系不符合要求，与预期再生利用效果相差甚远，需重新制定方案。

7.2.3 价值评定标准分析

为了使土木工程再生利用价值评定结果能够起到应有的积极作用，达到预期的再生利用效果，在开展评定工作时要确定恰当的评定标准。标准确定得恰当与否，对于评定工作的成败具有极大的影响。在进行有效的价值评定之前，要明确多种评定标准的设计要点。一般情况下，评定标准的编制是在确定了各项评定指标和各个指标权重的基础上才进行的。

1. 分档式标准

分档式标准是将每项指标分为若干个等级，然后将该指标的权重(一般情况下小于1)等距分到相应的各个价值评定等级中，再将每个价值评定等级的分值分成若干个小档(即幅度)。具体步骤如下。

(1) 确定等级个数，一般情况下可以定为多个等级。

(2) 为多个等级选好标号，如可以选用 A、B、C、D 等，而不选用优、良、中、差，因为后者标示了等级的优劣程度，可能会出现趋中或偏高、偏低的倾向。

(3) 将该项指标的分数分配到各个等级中。

2. 评语式标准

评语式标准是用文字叙述每项指标，类似评语，包括积分评语标准和期望评语标准。

1) 积分评语标准

对指标进行目标分解时，权重也同时分解到评定指标或各个要素中。进行价值评定时将各个指标标准要素分值相加，就是该项指标的总分值。

2) 期望评语标准

期望评语标准是对价值评定指标体系中每项评定指标的标准采用期望、理想式的语言加以描述，并对所描述的要点按照一定的规则赋值，然后按一定的等级逐级评分。这种方法的特点是：需要设计出所期望的最理想的最高等级(上限)作为评定标准，以这个最高等级的达成程度进行评分。由于其他等级没有具体的评定标准，只能根据最高等级的要求推及，其分寸较难把握。期望评语标准多用于评定结果为"合格"的评定领域。

3. 期望行为标准

期望行为标准是以期望的最理想的价值评定要求为最高等级，逐级向下划分，以最不期望的价值评定要求为最低等级，从而设计出评定标准系统的方法。这种设计方法的优点是：评定标准构成一个完整的等级系列，每个等级中都有相应地反映该评定指标状况和水平的定性描述和定量数值，便于将价值评定对象与评定标准相对照，以按其与某标准的符合程度确定等级，具有较强的操作性。

设计期望行为标准时，首先要明确评定指标体系中各项具体指标的内涵，全面分析、深刻了解并掌握该项指标所要反映的具体内容及其深度与广度，使评定标准的等级内容明确、清晰。其次，在明确评定指标内涵要点的基础上，选定最适合表现该指标内涵期望要求的关键性的行为特点，并用相应的最恰当的行为词语表示出来。这种反映或表现某项价值评定指标内涵期望要求的关键性行为特点的词语，应尽可能地避免使用过于刺激性的词语，力求其科学、稳妥，具有客观性、可接受性。

4. 隶属度式标准

隶属度式标准是运用模糊数学的隶属函数为标度来设计评定标准体系的方法。隶属度式标准就其内容而言，仍是评语式标准，不过是采用隶属函数为标度，通过价值评定对象目标的达成度(在[0，1]区间取值)来判定等级的评定值。

隶属度式标准的设计有分级法和全域法两种。分级法是规定各项评定指标的各个等级隶属度的范围(或点)，如 A 等为 1.0 或 0.85～1.0，B 等为 0.7 或 0.60～0.84，C 等为 0.4 或 0～0.59。全域法与分级法相对，不规定某一评定指标各个等级的隶属度的范围(或点)，每个评定等级都可以在[0，1]全域范围内选择，以表示价值评定对象所属等级及其程度的高低，如某指标属于 A 等的隶属度为 0.4，属于 B 等的隶属度为 0.8，属于 C 等的隶属度为 0.1。

7.3 价值评定模型

7.3.1 价值评定指标

评定要素集的建立是评定指标集建立的基础，评定要素集的建立过程是一个根据研究的目的，选择若干相互联系的统计指标，以组成一个统计指标体系的过程。原则上说，选取统计指标应坚持如下几个基本原则。

1. 目的性原则

选取的评定要素要从研究问题的目的出发。当我们是要评定该对象的经济效益时，就应选取经济效益要素，而不能把其他一些方面的经济要素也作为评定要素选了进去。另外，当我们要反映被评定事物的综合实际水平时，就应该选取综合要素，而不是动态要素。而当我们要反映被评定对象的动态水平时才应选取动态要素。

2. 全面性原则

选取的评定要素应尽可能地反映研究对象的各方面。为了保证这一点，选取的评定要素就应该具有全面性，选取时应从被研究事物的各个方面着手，尽管最后确定的评定要素不一定很多，但初始选择时，备选要素一定要多一些、全一些，以保证有选取余地。

3. 代表性原则

选取的评定要素应具有代表性，要能足够反映出再生利用对象的空间安全、投资价值、文化价值、生态价值、社会价值，因为这样能强有力地表现研究目的，提高指标体系的说服力，增强再生利用方案的可靠性。

4. 可行性原则

选取的评定要素不仅应是具有代表性的还应是可行的，如果选取的评定要素不能用以实施，那么就是无价值的、非科学的，选出来的评定要素也就没有意义。

5. 稳定性原则

选取的评定要素应是变化比较有规律性的，不能因其变化过大而影响评定结果，因此有些受偶然因素影响而大起大落的要素就不适宜选入。

6. 协调性原则

评定要素选取一般都还只是统计分析的第一步，而不同的价值评定方法在分析时对要素的作用机理是不同的，各种方法都有其特点、共同点、优点和缺点，在选取评定要素时就应注意所用统计方法的内在性质与要求，使评定要素与所用方法协调一致。例如，多元统计中的主成分分析法、因子分析法本身具有消除评定要素间相关影响的功能，用这些方法进行综合评定时，就需要多注意评定要素的全面性，而常规多要素综合评定方法和模糊评定法不具备这种功能，选取评定要素时就要多注意评定要素的代表性，尽可能事先减少评定要素间的相关影响。

7. 结合性原则

选择评定要素时，应该将定性分析和定量分析结合起来，只强调定性分析，或只强调定量分析，都会影响评定结果的合理性。对于数学方法的应用，一定要认真地加以分析，就应用问题来看是否合适。

综合评定土木工程再生利用价值所涉及的各相关要素构成评定要素集，各个评定要素的重要程度可能相同，也可能不同。用以评定价值的一系列指标构成评定指标集，评定指标集是评定要素集的一个映射，一个评定要素集存在多个映射指标集。建立合理的评定指标体系就是在多个映射指标集中寻优，评定要素集和评定指标集之间存在四种映射关系，如图 7-4 所示。图 7-4(a)是一对一关系，即一个评定指标只反映一个评定要素；图 7-4(b)是多对一关系，即一个评定指标反映多个评定要素；图 7-4(c)是一对多关系，即有多个评定指标共同反映同一个评定要素；图 7-4(d)是多对多关系，即同时存在图 7-4(b)和图 7-4(c)2 种情况。在 4 种映射关系中，一对一的关系最简单，也最理想，但在现实中很难找到；在一对一或多对一的映射关系中，指标间不存在重叠或交叉；在一对多或多对多的映射关系中，指标间存在重叠和交叉。

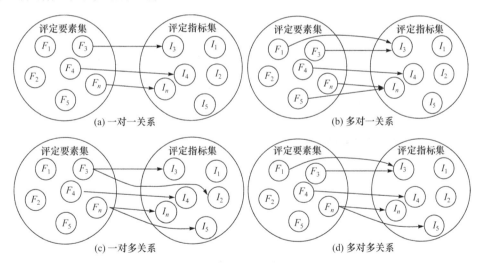

图 7-4　评定要素集与评定指标集之间的映射关系

根据上述分析，将初步确定的评定要素集进行整合，提炼得到最终的土木工程再生利用价值评定指标集，并在此基础上进行价值评定。

7.3.2　价值评定方法

1. 单项指标评定

根据评定指标体系中单个指标评定的结果及统计分析，可以从不同侧面衡量土木工程再生利用的状况。单项指标评定具有直观性强、指义明确、方法简单、操作性强、适用范围广等特点,能满足不同专业、不同部门、不同背景人群的不同方面的需求,易于推广。同时单项指标评定也为进行下一步综合评定奠定了基础,例如,综合价值计算中的综合评分法和层次分析法就是在单项指标计算、分级、评定的基础上进行的。

在前面所提的土木工程再生利用价值评定的单项指标中,主要包括定性指标和定量指标两种。其中,定性指标基本上可分为两类:一类为带有强度差别的,另一类则为不带有强度差别的。定性指标的量化方法主要有直接主观评分法、定性排序量化法、尺度评分法、两两比较法、问题测验法、问题量表法、问题分解法等。定性指标的数量化往往是通过对专家意见的征询而进行的,在量化的过程中包含了大量的不确定性、随机性和模糊性,而且涉及心理因素,即使是同一评定者,在不同时间对同一对象的评定也可能会给出不同的结果;而不同的评定者,其结果可能差异更大。

就价值评定中涉及的定量指标而言,也可分为两类:一类是利用现有统计体系所能获得的资料构造的;另一类是需要通过实地调研而获得的。相对而言,利用现有统计体系的资料构造的定量指标较容易处理,不同的个人得到的结论较为一致,即使存在误差往往也是"登记性"误差,可通过仔细检查得以消除。而需要通过实地调研获得的定量指标,受环境因素、手段和工具等因素的影响,不同的个人得到的结果会存在一定的偏差,如图 7-5 所示。

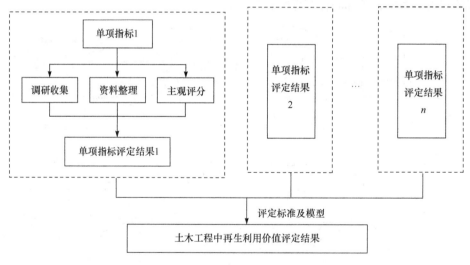

图 7-5　单项指标评定

一般来说,首先要对每一项指标进行区间分级,如所有指标均分为五级,或者利用打分法划分 0~100 分的评分区间,其中分级标准根据评定的土木工程对象所在的区域特征和各指标的属性确定。

2. 指标权重计算模型

指标的权重用于体现在土木工程再生利用价值综合评定时对各指标的不同重视程度。赋权的原则有以下几类:一是从包含价值信息的多少来考虑,有关的价值信息多,权重就大，有关的信息少，就将权重的数值取小；二是从指标区分对象的能力来考虑，价值综合评定，就是将评定对象进行区别，并排出先后的次序，所以从一个指标区别这些对象的性质来看，能力强的就应重视，能力弱的就不应重视；三是从数据的可信度来考虑，指标数值的质量会影响到结果，数据质量好、可信度高的指标，权重就应该大一些，可信度低的指标，权重就要小一些；四是从统计的观点来考虑，相关性大的指标反映的实质上是同一个内容，不相关的指标反映了真正的不同内容，所以在赋权时也要考虑到这些差别。

　　根据上面所述的赋权原则，确定权重的模型可以分为三类，如图 7-6 所示。由于主客观组合赋权法通常是将主观与客观赋权法相结合的方法，所以下面主要介绍主观赋权法和客观赋权法的几种常用方法以及优缺点比较。

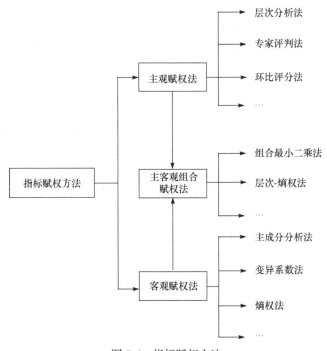

图 7-6　指标赋权方法

1) 主观赋权法

主观赋权法是根据主观价值判断来确定各价值评定指标权重的一种方法，常见的有层次分析法、专家评判法、环比评分法等。这类方法能较好地体现评定者的主观偏好，但由于每个人的主观价值判断标准有差异，因而构建的权重缺乏稳定性。下面对几种常见主观赋权法的用法做简单介绍。

(1) 层次分析法(AHP)。

层次分析法将定量与定性的因素结合起来，通过建立层次结构模型—构造判断矩阵—权向量排序计算——致性检验的基本步骤计算权重，计算权重的方法主要有求和法和特征向量法。

(2) 专家评判法。

专家评判法是选择若干专家组成评判小组，各专家独立给出一套权数，形成一个评判矩阵，对各专家给出的权数进行综合处理得出综合权数，并计算其均值和标准差。将计算的结果返还给各位专家，要求专家在新的基础上重新确定权数，直至各指标权数与其均值的离差不超过预先给定的标准，也就是各专家的意见基本趋于一致，此时各位专家给出的权数的均值就可以作为最终确定的权重。

(3) 环比评分法(DARE 法)。

环比评分法的权重计算是用该指标的修正重要度比值乘以与其相邻的上个指标的重要度比值，继而得出上个指标的修正重要度比值，以此类推，最后用各指标的修正重要度比值除以总修正值，即可得到各指标的权重。

2) 客观赋权法

客观赋权法是直接根据指标的原始信息，通过统计方法处理后获得权重的一种方法，常见的有主成分分析法、变异系数法、熵权法等。这类方法受主观因素影响较小，它的缺点在于权重的分配会受到样本数据随机性的影响，不同的样本即使使用同一种方法也会得出不同的权重。下面对几种常见客观赋权法的用法做简单介绍。

(1) 主成分分析法。

主成分分析法是一种基于统计学原理的权重确定方法，该方法利用降维的思想将大量的指标转化为少量的，也就是说，将原本相关性高的指标转化为尽可能不相关的指标，再将这些新的指标(即主成分)按照方差递减的顺序排列，通过数据标准化—矩阵的正交变换—解特征值/求特征向量的基本步骤分析主成分的重要程度。

(2) 变异系数法。

变异系数法是根据各个指标在所有被评定对象上观测值的变异程度大小来对其赋权。变异程度大的，表明该指标区分各评定对象的能力强，权重就大；变异程度小的，表明该指标在各评定对象中几乎无差别，即区分各评定对象的贡献小，所以权重就小。

(3) 熵权法。

熵权法是根据各项指标的变异程度，利用熵来计算各项指标的熵权，再用各项指标的熵权对所有的指标进行加权，得出权重的方法。

主客观赋权法优缺点分析见表 7-2。

表 7-2　主客观赋权法优缺点分析

赋权方法	优点	缺点
层次分析法	①该方法将人们的主观判断进行了科学的整理和综合，其权重体现评定者对各指标的主观价值判断的大小，所需定量信息较少；②对指标结构复杂而且缺乏必要数据的情况下的评定非常实用；③它能大大提高综合评定的有效性、可靠性和可行性	①要求评定者对评定本质、包含的要素及其相互之间的逻辑关系掌握得十分透彻；②由于标度标准难以掌握，做出的判断很有可能不能满足一致性检验，就需重新修订，导致计算量大且复杂，因此使用起来有一定的局限性
专家评判法	①该方法体现了评定者的主观偏好，方法操作简单，原理清楚明了；②适合数据收集困难或者信息量化不易准确的评定项目	权重受主观因素影响较大，不能形成具有说服力且稳定的一套权重，缺少科学性

续表

赋权方法	优点	缺点
环比评分法	①该方法不受限于样本数据，适用范围大；②专家所需确定的指标重要性评定值数量少，赋值过程相对简单；③有机结合了定性与定量方法，使结果更科学合理	权重的确定主要依赖于专家的主观经验与常识，所以对专家的专业要求很高，否则会导致指标体系权重分配产生偏差，也因主观性强而导致结果缺少科学性
主成分分析法	①该方法相较于其他评定方法来说，因其指标之间是彼此相互独立的主成分，所以指标选择的工作量比较小；②非人为确定权重使得结果客观、合理；③可通过计算机计算，简捷且省时	①对指标要求较高，所以前期确定指标时考虑因素多；②最终评定指标的属性为综合评定，或因主成分因子的符号有正有负，所以结果不明确、难以解释
变异系数法	①该方法对评定指标无数量上的限制，适用范围广；②评定指标能够被充分利用，保证了指标权重的客观性；③指标权重的计算过程简单，实用性较高，适用于指标间独立性较强的方案	①指标要尽可能选择得多些且要具有普遍性，否则会很大程度地影响权重分配结果，导致结果不精确；②结果有异常值出现时，无法处理；③因其太过客观，而无法体现决策者对指标重要性的主观判断
熵权法	①该方法对评定指标无数量上的限制，适用范围广；②计算过程相对简单，易于理解，操作性强；③不考虑主观因素，保证了指标权重的客观性；④适用于指标间独立性较强的方案	无法充分反映各项指标间的关系，也无法体现决策者对指标重要性的主观判断，因此可能出现与事实不符的情况

综上所述，主观赋权法反映了专家的意志，它是从各指标对于被评定事物的重要程度的角度来说的；客观赋权法反映了数据的结构，它是从数据内部分布以及结构情况来说的。事实上，客观赋权法确定的权重并不是严格意义上的权重，它只表示指标的重要性程度，而不涉及数据的内部结构。如果一个与被评事物关联度很小的指标区分被评定对象的能力强，那么在客观赋权法中，它就会被赋予较高的权值；如果一个与被评事物关联度很大的指标区分被评定对象的能力弱，那么在客观赋权法中，它就会被赋予很低的权值。很显然，这实际上会歪曲客观现实，导致出现为了评定而评定的情况，使评定结果的可信度大大降低。

无论各项指标之间的相关性和指标内部的差异度如何，更看重的应是各项指标对于最终结果的贡献和重要性，即主观上专家所认定的指标的重要性，看重权重的实际意义，而不是统计区分上的意义。

思　考　题

7-1. 简述土木工程再生利用价值评定特点。

7-2. 简述土木工程再生利用价值评定原则。

7-3. 价值评定一般包括哪几项准备工作？

7-4. 资料准备阶段都需要哪些图件资料和文本资料？

7-5. 价值评定工作程序都包括哪几部分？

7-6. 指标体系优化主要包括哪些内容？

7-7. 土木工程再生利用价值评定结论可分为哪几种？分别代表什么含义？

7-8. 选取统计指标应坚持哪几项基本原则？

7-9. 定性指标的量化方法主要有哪些？

7-10. 主观赋权法和客观赋权法的特点分别是什么？分别有哪些常用的方法？

参考答案

第8章 土木工程再生利用价值评定案例

8.1 工 程 概 况

8.1.1 工程背景

1958 年，陕西重工业厅在现西安市新城区筹建陕西钢铁厂，如图 8-1 所示。厂区地理位置如图 8-2 所示，1965 年投入生产，20 世纪 80 年代达到生产的鼎盛时期。作为曾经的全国十大特种钢材企业的一员，陕西钢铁厂为我国的国防事业做出了巨大贡献。到了 20 世纪 90 年代，由于区域产业结构的调整、亚洲金融危机的影响，以及国企改革的浪潮，陕西钢铁厂不能与其他钢厂并驾齐驱，旧设备也无法保证产品的质量，随后陕西钢铁厂的生产活动大幅缩减，最终于 1999 年 1 月宣布破产。停产后厂房闲置、设备废弃、厂区周边地区经济状况惨淡，百废待兴，如图 8-3 所示。2002 年陕西钢铁厂被西安华清科教产业(集团)有限公司收购，2014 年后，正式改造为以建筑设计为主导的创意产业园。

图 8-1 陕西钢铁厂

图 8-2 厂区地理位置图

(a)厂房 (一)

(b)厂房 (二)

图 8-3 改造前停产的工厂

8.1.2 工程现状

现如今,陕西钢铁厂被改造为文化创意科技小镇,占地面积 1830 亩(1 亩 ≈ 666.7m²),建设和入园项目规划总投资 400 亿元,文化创意科技小镇区位如图 8-4 所示。文化创意科技小镇依托中国能源西北建设投资的资本优势、西安建筑科技大学的学科优势,以及新城区的发展资源优势,合力打造集教育园区、设计创意产业园、地产开发平台"三位一体"的功能板块,如图 8-5 所示。

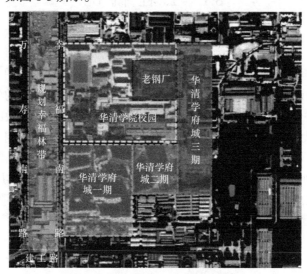

图 8-4 文化创意科技小镇区位

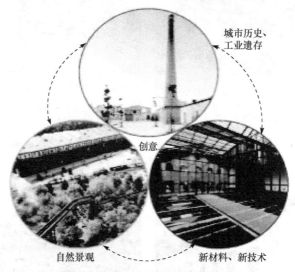

图 8-5 文化创意科技小镇规划理念

1. 老钢厂再生利用整体规划

1) 教育园区

西安建筑科技大学华清学院现位于老钢厂的旧址,学院教学楼、图书馆等建筑充分利用了陕西钢铁厂原有的旧工业建筑资源，再生利用过程由西安建筑科技大学专家团队组织、设计、规划、建设。在保护老钢厂原建筑的基础上，秉承"修旧如旧"的再生利用原则，在大胆新颖设计的过程中仍注重部分保留原有的工业特色，体现出了对人文、历史、环境的深刻反思，如图 8-6 所示，同时也能让学生感受到我国工业早期的繁荣盛况。

图 8-6 西安建筑科技大学华清学院俯瞰效果图

2) 设计创意产业园

老钢厂设计创意产业园(图 8-7)位于幸福南路西安华清科教产业(集团)有限公司园区内，南靠华清学府城，将老钢厂厂房规划为设计创意产业基地，总占地面积约 50 亩，改造后总建筑面积约 4.5 万 m^2。老钢厂设计创意产业园整体规划为四大版块：创意展示交流中心、loft 创意生态办公、创意集市以及企业孵化中心。它是集 loft 创意办公空间、时尚创意展、人才培训、企业孵化中心、产业信息交流、企业服务、创意商业集市、工业景观八大功能为一体的城市再生型产业园区。

3) 华清学府城

根据拍卖政策规定，西安建大科教产业有限责任公司为剩余土地启动了房地产开发项目。根据规划，将缺乏保护与利用价值的厂房拆除，开发为"华清学府城"。华清学府城总面积为 586 亩，总规划建筑面积 1354670m^2，如图 8-8 所示。

图 8-7 老钢厂设计创意产业园

图 8-8 华清学府城俯瞰效果图

旧工业建筑记录了城市工业发展的历程，富有浓郁的工业气息，旧工业建筑再生利用中的大部分建(构)筑物、工业设备都具有珍贵的历史价值，记录了工业厂区的发展历程。在对陕西钢铁厂再生时应秉承"旧厂房、新生命"的开发理念，践行老厂房活化再利用的城市更新方式，对陕西钢铁厂旧厂房进行重新规划，打造为融合了创意-文化-艺术新元素的顺应新潮流的设计创意产业园，让老钢厂传承文化、保存记忆、焕发新生。"修旧如旧"是保留工业建筑原貌的最好改造方法。

2. 老钢厂再生利用局部改造

1) 华清学院部分建筑

华清学院 1 号和 2 号教学楼是由原一轧车间改造而成的，一轧车间改造前如图 8-9 所示，车间净空挑高较大，空间狭长且开阔，具有较大面积的高窗、天窗，室内光线充足，厂房框架坚实，但其厂房整体视觉感受破旧，外部杂草丛生、内部破败不堪。

(a) 一轧车间外部　　　　　　　　　　　　(b) 一轧车间内部

图 8-9　改造前的一轧车间

厂房改造充分尊重原有建筑的空间视觉效果，且立面采用轻质墙面材料，如图 8-10 和图 8-11 所示。厂房重构采用橙红色框架幕墙装饰，轻盈、明亮的色彩使得建筑更富有活力，既保留了工业建筑特点，又显示了原有厂房的宏伟和恢宏大气。为了对厂房原结构进行再生利用，充分利用原有厂房结构的净空空间，在原有厂房中进行增层(图 8-12)，极大地增加了建筑使用面积；并在原有建筑内增设楼梯，使得厂房改造后满足建筑的使用和消防要求，如图 8-13 所示。

图 8-10　1 号教学楼改造后外立面　　　　　图 8-11　1 号教学楼改造后门窗

图 8-12　1 号教学楼室内增层　　　　　　图 8-13　1 号教学楼增设楼梯

对厂房进行再生改造前，在满足安全性要求的基础上，对厂房牛腿柱、吊梁、桁架、槽状屋顶板等构件保留并改造，大大节约了人力、物力、财力。原厂房的屋面桁架仍满足结构检测安全，继续使用，厂房牛腿柱依然保留原貌，如图 8-14 和图 8-15 所示。

图 8-14　再生利用后厂房桁架保留　　　　图 8-15　再生利用后厂房牛腿柱保留

华清学院图书馆是由原轧制车间西段的加热部分改造而成的，再生利用过程中充分利用厂房挑高的特点，打造大跨度、开敞的空间效果，图书馆外立面采用大气且低调沉稳的大理石饰面，恢宏大气且富有诗书气息，如图 8-16 和图 8-17 所示。

(a) 改造前　　　　　　　　　　　　　(b) 改造后

图 8-16　图书馆改造前后外部对比

(a) 改造前　　　　　　　　　　　　　(b) 改造后

图 8-17　图书馆改造前后内部对比

大学生活动中心由原来的二轧车间的机械修理车间再生而成，建筑物的内部空间基本保留原状，为达到良好的收音、隔噪效果，在原车间内墙、立柱和横梁表面用吸音和降噪材料饰面，采用铝扣板和铝格栅装饰更具美观性，满足舞台灯光效果。建筑外观保留了原始工业厂房的形状，为增加采光面积，设置明框铝合金玻璃幕墙，并对厂房的外立面、内立面进行了修复和完善，如图8-18所示。

(a) 外立面　　　　　　　　　　　　　　　(b) 内立面

图8-18　厂房改造的大学生活动中心

2) 老钢厂设计创意产业园部分建筑

老钢厂设计创意产业园是旧工业建筑再生利用的典型案例，针对陕西钢铁厂建筑物的分布情况，结合原交通路网形成的功能分区，按产业园区的基本功能，将原有的临建建筑少量拆除，留出两处户外休闲广场；极力保留原有厂房原貌，并增加水、电、暖等管网基础设施，将厂房打造成适合商业办公、文化交流、商业配套以及景观体验的各类新型业态聚集区。

设计创意产业园最大程度上利用了原有的工业厂房建筑，1号办公楼由原生产纤细钢丝的厂房重构再生而成。原厂房建于1965年，对其进行外立面改造，原厂房外貌基本保留，最大限度地还原了原厂房建筑外貌，改造前后对比如图8-19所示。

(a) 改造前　　　　　　　　　　　　　　　(b) 改造后

图8-19　1号办公楼改造前后对比图

6号办公楼由原新设备厂房再生而成。原厂房是当时厂区最为先进的设备厂房，厂房结构和行车都是德国原装设备，具有当时先进的恒温配电室、数控无尘生产车间。厂房建于1965年，为单跨钢筋混凝土排架结构。该厂房体量巨大且结构基础较好，故充分利用原工业厂房结构，将其改造为老钢厂设计创意产业园的标志性建筑，对其外立面铺贴橙红色瓷砖饰面，部分墙体改造为镂空设计，极具现代工业气息，如图8-20所示。

(a) 改造前　　　　　　　　　　　　　　(b) 改造后

图 8-20　6 号办公楼改造前后对比图

除此之外，在再生利用过程中为了满足绿地率的要求，对厂区工业价值低的小型建筑物，如临时的车库、简易车间和小型仓库等，进行拆除，保留原有的林木，并对场地的地形进行重组和绿化，为公共景观区和新建筑物的建设提供了空间和场所，形成了厂区公共绿地的优美环境，如图 8-21 所示。

(a) 改造前　　　　　　　　　　　　　　(b) 改造后

图 8-21　厂区公共绿地改造前后对比图

园区内零星布置的旧工业风格景观小品使得园区充满趣味性和工业气息，曾用于高炉煤气传输的大型排风机被移除后，通过对其清洗、打磨、喷漆后焕然一新，再生利用为在小镇草地中转动的风车，如图 8-22 所示。原有重达 26t 的轧机早已锈迹斑斑，其铸铁齿轮仍然保留完整，对其表面锈渍进行打磨抛光后重生为独特的建筑小品，矗立在园区一隅，如图 8-23 所示。厂区生产钢板时切割后的边角料，经打磨、焊接、喷漆后制作为厂区景观小品，具有装饰性和趣味性，如图 8-24 所示。厂区原热处理罩式炉行车的行车主钩可以起吊 15t 的重量，属于当时较为先进的起重设备，现在这台行车依旧完好如初，将其改造为连廊上部的景观小品(图 8-25)，好像在诉说着 20 世纪热火朝天的企业生产故事。

在厂区再生利用过程中对厂区的典型巷道也进行了特色化再生利用。例如扶墙巷的再生利用，如图 8-26 所示，现将巷道重构，铺上了古朴的青砖，更富诗意。两座楼之间的小广场上的厂区文化墙仍做保留，如图 8-27 所示。一幅厂区工人生产的油画，再现了陕西钢铁厂车间生产的忙碌场景。

图 8-22　风车

图 8-23　轧机

图 8-24　利用废弃钢材制作的景观小品

图 8-25　热处理罩式炉行车制作的景观小品

图 8-26　扶墙巷

图 8-27　厂区文化墙

8.2　评 定 模 型

8.2.1　价值调查

在对旧工业建筑进行价值分析前，需对其现状进行调查，从而获得我们所需要的信息。对于有文献记载的旧工业建筑可借鉴具有参考价值的历史文献；对于无相关资料记载的旧工业建筑，应进行实地走访，通过调研进行实证性调查；对于已有案例研究的旧工业建筑，可以对案例进行研究。一般对土木工程进行再生利用的情况比较复杂，在实际调查过程当中，单一方法具有局限性，所以往往是多种调查方法结合使用。

在对老钢厂的现状进行调查时，应先对厂区进行实地走访，并结合厂区再生利用的实际情况因地制宜地选择适用于厂区的调查方法，并参考《旧工业建筑再生利用价值评定标准》(T/CMCA 3004—2019)初步构建指标体系。

1. 调查方法

1) 实地调查法

实地调查法是通过实地走访现场了解，掌握第一手资料的调查方法。在对陕西钢铁厂进行价值调查的过程中，实地调查是资料来源的最直接的方法，主要方式为现场拍照、参观博物馆等。

2) 访谈法

通过与陕西钢铁厂原职工、改造团队进行面对面访谈陕西钢铁厂再生利用的现状，以获取相关资料，这种方法具有灵活性强、针对性强、可靠性较强等特点。

3) 问卷调查法

问卷调查法具有容易量化、节省时间、便于统计等特点，因此在旧工业建筑的现状调查中应用较多。将提前制作好的陕西钢铁厂再生利用情况问卷发放给原职工、附近人员等，通过选项获取信息。

4) 文献调查法

在对陕西钢铁厂再生利用现状调查的过程中查阅了大量相关的文献，使研究更具有科学性。这种方法具有科学性、历史性、间接性等特点。

2. 调查内容

旧工业建筑再生利用的调查内容主要包括调查要素和再生利用策略两部分。调查要素是指陕西钢铁厂中具有工业特色的具体改造方面，如建筑结构、具有工业特色的构筑物、工业文化等；再生利用策略则是为达到再生利用的目的而采取的具体改造方法。本章为了让大家更好地理解调查内容，引进其他多个项目再生案例。

1) 原厂房结构再生

工业厂房的结构特点主要体现在原厂房高挑开敞的主体框架、牛腿柱、厂房楼梯以及天窗、高窗等，应将这几个部分作为老钢厂再生利用现状调查的重要内容。

为保留原有的工业特色，在对厂房原有结构的再生时可将原厂房的外立面风貌保留，对于破旧程度较为严重的厂房可采取"修旧如旧"的方法进行改造。北京某工业厂区在改造过程中最大限度地保留了老旧厂房外部结构的原始风貌，独具工业特色，如图 8-28 所示；对于厂房的内部结构充分利用，如图 8-29 所示，借助老旧工业厂房高大的挑高，在内部加设增层，增加了建筑使用面积；保留建筑内部开敞空间，对厂房立柱进行工业风格装饰，将历史的厚重感与极具活力的现代元素完美结合；厂区再生时保留原有楼梯，将部分工业元素与楼梯相结合，使得楼梯既具有实用性又具有美观性，如图 8-30 所示；工业建筑最具特点的高窗、天窗是旧工业厂区改造的亮点之一，因其设置较为高挑，极大地增加了窗户的透光性，使得室内明亮通透，减少了人工光源的能源消耗，更符合现代人们提倡的低碳环保理念，如图 8-31 所示。

图 8-28　厂房外部结构利用

图 8-29　厂房内部结构利用

图 8-30　厂房结构楼梯利用

图 8-31　厂房结构高窗利用

2) 原工业设备再生

旧工业建筑中的水塔、烟囱、龙门吊、工业铁轨、变压器、各种机器等设备都是宝贵的工业遗留财富，见证了厂区及其所在城市的工业发展历程，对其进行再生利用既能避免物质资源浪费，又能使其成为厂区再生后的一道极具工业特色的风景，因此，原工业设备的再生利用同样是老钢厂再生利用现状调查的重要内容。

例如，某厂区将原工业铁轨经再生利用后成为厂区独具特色的工业长廊，与厂区再生后休闲区域的道路结合(图 8-32 和图 8-33)，成为厂区慢行道的一部分。

图 8-32　某厂区原工业铁轨改造

图 8-33　工业铁轨与人形道的结合

3) 厂区管网再生

厂区管网系统是老旧工厂生产运营服务的一部分，是老旧工厂再生的重要组成。对于厂区管网的再生,应根据厂区情况及管网布置情况进行再生方案的选择。对于排列较为整齐且局部外露的管网,可选择从色彩方面入手进行再生。将原有管网重新打磨、抛光、喷漆、着色,从而形成一个厂区的休闲长廊,如图 8-34 所示。如图 8-35 所示,在原有结构上镶嵌玻璃板,将其打造成厂区的空中生态景观带。

图 8-34 某厂区管网利用

图 8-35 某厂区空中生态景观带

4) 厂区景观、地方特色植物群落

某老旧厂区在景观改造方面较为突出,将园区内 50 多年的草木都保存了下来,并且将园区的绿化设计为线状,局部加入水体点缀,增加了园区空间的层次感和灵动感,如图 8-36 和图 8-37 所示。

图 8-36 某厂区榕树保留

图 8-37 某厂区绿植景观改造

3. 整体价值调查

旧工业建筑再生利用的整体价值可由厂区的最终评定结果体现。旧工业建筑所在城市可以分为经济主导城市、历史文化古城、协调发展城市三种类型,每种类型城市的旧工业建筑再生利用价值评定结果均有可行、优化后可行、不可行三种结果。

若旧工业建筑再生利用价值被评为不可行:对于经济主导城市来说,则说明采用该再生利用方案进行再生后没有拉动所在区域的发展,对区域的经济发展并无贡献或贡献较小;对于历史文化古城来说,则说明该再生利用方案没有充分考虑对旧工业建筑发展的历史、文化进行科学合理的保护及再生利用,对于城市的历史文化发展没有较大贡献;对于协调发展城市来说,则说明该再生利用方案没有充分考虑厂区发展与所在城市之间的协调性。出现这种结果时,应重新制定再生利用方案,使方案朝着有利方向发展。

　　若旧工业建筑再生利用价值被评为优化后可行：对于经济主导城市来说，则说明该再生利用方案对所在区域的经济发展有一定的推进作用，但作用较小；对于历史文化古城来说，则说明该再生利用方案有考虑到对历史文化的保护，但是在再生利用方案中体现得不够充分；对于协调发展城市来说，则说明该再生利用方案中有考虑到与城市发展的协调性但体现得不够充分。出现这种结果时，应合理改善再生利用方案，使方案促进区域发展。

　　若旧工业建筑再生利用价值被评为可行：对于经济主导城市来说，则说明采用该再生利用方案进行再生后能够适应经济主导城市对老旧厂区再生利用的要求，对所在区域的经济发展有一定的促进作用；对于历史文化古城来说，则说明采用该再生利用方案充分体现了对厂区发展、厂区历史文化的保护，满足历史文化古城对老旧厂区再生利用的要求；对于协调发展城市来说，则说明采用该再生利用方案能够充分满足厂区与城市发展之间的协调关系。出现这种结果时，代表着该再生利用方案对该区域发展有促进作用且作用明显，可以依照该方案进行再生利用。

8.2.2　评定方法及原理

　　在旧工业建筑再生利用价值评定过程中，需要经过评判、打分、审核来决定等级。本章对于旧工业建筑再生利用的价值评定全程共用到两个方法，以层次分析法、熵权法确定权重，以德尔菲法对指标进行打分。

　　1. 旧工业建筑再生利用价值评定方法

　　1) 层次分析法

　　层次分析法的基本原理是充分利用人的经验和判断，对定量和非定量因素进行统一测度，通过两两比较方案或目标的相对重要性构造判断矩阵，计算判断矩阵的最大特征根和特征向量，进而得到方案或目标相对重要性的定量化描述。层次分析法主要分为以下步骤。

　　(1) 建立递阶层次结构。对于多层次模型，首先在对问题深入了解的基础上，将所有的元素分为不同的层次，并构建一个连接各元素的框图结构，用以表示各层元素的隶属关系。

　　(2) 构造两两比较的判断矩阵。通常采用1-9标度法将相同层次的指标相对于上一层的重要性进行两两比较，得出判断矩阵。

　　(3) 层次单排序。这一步根据判断矩阵计算出下一层元素相对于上一层的重要性，即求解判断矩阵的特征根问题，经过归一化后的特征向量就是相对应的元素相对于目标层的排序权重值。

　　(4) 一致性检验。通过进行一致性检验，判断矩阵的一致性。

　　2) 熵权法

　　熵权法的基本思想是根据各指标传递出的信息量的多少来确定其权重值。在知道评定体系各评定指标的确定值之后，各指标在竞争上表现出的激烈程度表示各指标携带的信息量的多少，因此，熵权法是一种客观评价方法。熵权法的具体步骤如下。

(1) 根据两两指标项重要程度的比较进行打分，并得出下列矩阵 X，即

$$X = \begin{bmatrix} A_1 \\ A_2 \\ \vdots \\ A_m \end{bmatrix} \begin{bmatrix} x_{11} & x_{12} & \cdots & x_{1n} \\ x_{21} & x_{22} & \cdots & x_{2n} \\ \vdots & \vdots & & \vdots \\ x_{m1} & x_{m2} & \cdots & x_{mn} \end{bmatrix} \tag{8-1}$$

(2) 用 P_{ij} 表示在第 j 个指标下第 i 个指标的贡献度，即

$$P_{ij} = \frac{x_{ij}}{\sum\limits_{i=1}^{m} x_{ij}} \tag{8-2}$$

(3) 用 E_j 表示 j 指标对所有指标的贡献总量：

$$E_j = -k \sum_{i=1}^{m} p_{ij} \ln(p_{ij}) \tag{8-3}$$

式中，k 为常数，$k = 1/\ln(m)$，由此可定义 d_j 为第 j 属性下各指标贡献度的一致性程度，$d_j = 1 - E_j$。

(4) 由此各指标的权重为

$$\omega_j = \frac{d_j}{\sum\limits_{j=1}^{m} d_j} \tag{8-4}$$

3) 德尔菲法

德尔菲法的主要特点表现在：能够充分地让专家自由地发表个人观点，能够使分析人员与专家相互反馈意见。采用德尔菲法进行调查的过程中，通过数理统计方法对专家的意见进行处理，使定性分析与定量分析有机地结合起来。

鉴于使用单一的方法确定权重会影响评价结果的准确性，因此，本章将层次分析法和熵权法进行结合计算权重，更接近实际情况。首先，利用层次分析建立价值评定的指标体系，并按照准则层、子准则层、决策方案层的顺序得出相关的判断矩阵；其次，利用熵权法分别对三个层次的矩阵进行计算，并得出各层次单项指标的最终权重；最后，采用德尔菲法邀请专家对每个指标进行打分，并乘以各指标项的权重，求和得出总分，从而进行价值的评定。

2. 旧工业建筑再生利用价值评定方法原理

1) 确立指标体系

利用层次分析法构建出基本的指标体系并对其进行指标优化，最终确立指标体系。

2) 构造判断矩阵

采用常见的三标度(0，1，2)法，按照"准则层、子准则层、决策方案层"的顺序，分别对两两指标进行比对后，构造其判断矩阵。例如，准则层判断矩阵的构造，见表 8-1。

表 8-1　准则层判断矩阵的构造

	A 空间安全	B 投资价值	C 文化价值	D 生态价值	E 社会价值
A 空间安全	1	2	2	1	2
B 投资价值	0	1	2	0	2
C 文化价值	0	0	1	0	1
D 生态价值	1	2	2	1	2
E 社会价值	0	0	1	0	1

3) 指标权重计算

由上述 2)中的步骤算得准则层各项指标的权重,用同样的方法依次算出子准则层及决策方案层各项指标权重 $\omega_1, \omega_2, \cdots, \omega_m$。

4) 计算得分

根据旧工业建筑再生利用相关资料及专家打分、问卷调查打分等方式得出每个决策方案层(打分项)各指标的得分 $A_{11}, A_{12}, A_{13}, \cdots, E_{32}$,并分别计算出 A 空间安全、B 投资价值、C 文化价值、D 生态价值、E 社会价值准则层的得分,并根据表 8-2 对各准则层进行价值评定。

表 8-2　A、B、C、D、E 评定等级划分表

等级	状况描述	分值
一级	满足要求	[90, 100]
二级	比较满足要求	[80, 90)
三级	基本满足要求	[60, 80)
四级	不满足要求	[0, 60)

8.2.3　指标体系

确定价值评定指标体系是一个"具体-抽象-具体"的辩证逻辑思维过程,一般来说这个过程包括三个环节:价值评定指标体系的建立、价值评定指标体系的优化、价值评定指标体系权重的确定。

1. 价值评定指标体系的建立

1) 空间安全指标

空间安全主要包括建(构)筑物安全、空间区域安全及生态环境安全三个方面。从整体来讲,方案的选择对厂区最终的再生效果十分重要,方案制定是否合理关系到整个旧工业建筑再生利用的效果和空间安全,它决定了老钢厂再生价值的大方向,因此在制定方案时应充分考虑旧工业建筑的实际情况,制定科学合理、切实可行的方案。

2) 投资价值指标

投资价值方面主要考虑建设规模对投资的影响、再生利用投资成本、投资收益的相关预算。

由于旧工业建筑再生利用项目的复杂性，不可避免会发生大量资本和大量投资。因此，有必要对建设规模做出合理的判断。简而言之，全面评估建设和投资规模可以提高投资预算的准确性。

投资成本评定主要是对老钢厂再生利用项目进行预估的综合评定。投资收益的评定主要包括对旧工业建筑的再生利用进行直接收入与潜在收入两个方面预估的综合评定。

3) 文化价值指标

文化价值评定应以"对工业文化保护与延续，对工业历史地段的建筑维修、改善与整治"为宗旨，统筹考虑建筑风貌、工业遗存等条件，从整体文化、个性层面、特征层面等进行保护和传承。旧工业建筑再生利用文化价值评定主要包括设计理念和文脉传承两个方面。

4) 生态价值指标

生态价值评定应考虑对生态的影响，主要从耗能问题、用水问题、耗材问题、用地问题四个方面考虑。耗能问题是再生利用过程中的重要考虑方面，耗能问题评定是对再生利用厂区及结构设计理念的综合评定。用水问题评定是对再生利用厂区管道及设施设计理念的综合评定。耗材问题的评定是对再生利用材料合规性和可再生利用材料的设计理念进行综合评定。用地问题评定是对旧工业建筑所在区域土地再生利用的合理性和可再生利用土地的设计理念进行综合评定，是再生利用的一个不可或缺的方面。

5) 社会价值指标

社会价值主要包括社会影响、社会风险和互适影响 3 个评定项目。社会影响主要是预估项目对厂区域经济的影响，以项目为周边区域供给的社会商品和服务效益的影响力为估算指标进行价值的评定，根据经济影响的作用程度进行评分。社会风险主要包括评估项目政策性风险、经济利益风险、自然环境风险、安全风险。互适影响方面，旧工业建筑再生利用过程中的参与者包括主要参与者、间接参与者。旧工业建筑再生利用价值评定优化前指标见表 8-3。

表 8-3 旧工业建筑再生利用价值评定优化前指标

分项指标		单项指标	指标解释
空间安全 A	建(构)筑物安全	结构安全	是否进行结构安全检测
		结构性能	是否进行结构性能评定
		隔震、消能减震技术	是否采用隔震、消能减震技术
		高耐久性材料	是否采用高耐久性材料
		设备设施	是否优先选用安全程度较高的设备设施

续表

分项指标		单项指标	指标解释
空间安全 A	建(构)筑物安全	消防系统及设施	消防系统及设施是否符合规定
		功能空间布局	功能空间布局是否安全合理
	空间区域安全	管线、道路和消防管道	管线、道路和消防管道敷设是否合理
		安全出口	安全出口是否分散布置
		管线敷设	是否综合考虑管线敷设方式
		管线设计与厂区设计	管线设计与厂区设计是否结合
		消防车道	消防车道设置是否满足要求
		道路设计与总平	道路设计是否满足总体规划和平面布置的要求
	生态环境安全	厂区环境	再生利用后厂区环境是否符合生态要求
		大气污染物	大气污染物排放是否符合规定
		固体废物	固体废物储存处置是否符合规定
		噪声污染	厂区环境噪声是否符合规定
		光污染	光污染是否符合规定
		振动强度	振动强度是否符合规定强度
投资价值 B	建设规模	建筑密度和容积率	再生利用过程中是否充分考虑建筑密度和容积率
		净空保护	再生利用建筑高度是否符合净空保护的规定
		绿地率	绿地率是否超过 25%
		投资估算文件	是否编制再生利用投资估算文件
	投资成本	资金政策	是否满足相关资金政策扶持条件
		自有资金占比	自有资金是否不低于投资总额的 30%
		经济比选	是否对再生利用和重建方案进行经济比选
	投资收益	模式预测	是否根据拟选择的再生利用模式进行预测
		投资收益模式	投资收益模式是否明确
		静态投资回收期	静态投资回收期是否小于基准投资回收期
		盈亏平衡分析	进行盈亏平衡分析
		敏感性分析	进行敏感性分析
		基准收益率	基准收益率设置是否合理
文化价值 C	设计理念	整体保护	工业建筑外貌整体保护程度
		工业特征美	工业特征美展现程度
		社会化、城市化	建筑社会化、城市化表达程度
		建筑元素	空间建筑元素丰富程度

续表

分项指标		单项指标	指标解释
文化价值 C	设计理念	厂区设计	厂区设计是否多样性
		厂区文化	再生利用过程中原有厂区文化的表达
		原有物资利用程度	原建(构)筑物、机器、设备利用程度
	文脉传承	原工业企代表性和先进性	原工业企业在全国是否具有代表性和先进性
		建造技术先进性	原工业企业建造技术先进性
		园区文化	现代化建设与园区文化融合度
		园区命名	园区命名与内在文化结合度
		厂区发展	再生利用是否保存发展足迹程度
		人本文化	承载人本文化程度
		工业遗存资料	归档整理工业遗存资料,保护传承文化场所
生态价值 D	耗能问题	建筑优化设计	建筑体形、楼距、窗墙比是否进行优化设计
		照明系统	照明系统是否采取节能控制措施外维护
		采光设计	再生利用采光设计是否利用原结构天窗、高窗
		结构设计与原结构	结构设计时是否充分利用原结构
		建筑通风设计	再生利用后建筑通风设计是否利用原有外窗结构
		空调机组	空调机组效能是否达标
		屋面改造	屋面采取绿色节能改造措施
	用水问题	给排水管道	新旧给排水管道是否进行综合设计
		中水回收	是否采用中水回收设施
		雨水收集	是否采用雨水收集回用系统
		节水灌溉	绿色节水灌溉方式
		节水技术	其他用水节水技术
	耗材问题	建筑材料及制品	是否采用禁止和限制使用的建筑材料及制品
		可再生材料	是否采用绿色可再利用材料、可再循环材料
		装饰装修建筑材料	装饰装修建筑材料是否符合环保要求且易维护
		本地生产建筑材料	再生利用部分本地生产建筑材料占比
		隔断(墙)重复使用	室内空间隔断(墙)重复使用程度
		土建和装修一体化	再生利用部分是否采用土建和装修一体化设计
	用地问题	发展关系	厂区土地建设近期与远期发展的关系是否明确
		用地计划	是否编制用地计划方案
		空间开发利用	再生利用对于净空、地下空间开发利用程度

分项指标		单项指标	指标解释
社会价值 E	社会影响	区域经济的影响	再生利用对区域经济的影响范围和程度
		区域产业结构	再生利用对区域产业结构的影响程度
		周边居民影响	再生利用后对周边居民生活条件和质量的影响程度
		就业安置	对原厂区企业职工进行就业安置的方式
	社会风险	政策性风险	再生利用政策性风险是否满足合法性和合理性
		经济风险预防	是否编制经济利益风险预防方案
		自然环境风险	是否编制自然环境风险控制方案
		安全风险控制	是否编制安全风险控制方案
	互适影响	不同利益群体参与	不同利益群体的参与程度和方式
		可支持和配合程度	区域组织可支持和配合程度
		区域适用程度	区域现有技术和文化状况对项目的适用程度

2. 价值评定指标体系的优化

初步确定的单项指标数量较多，会导致重点不突出且价值评定过程复杂、实用性较低，因此，需要对价值评定的指标体系进行优化，合并或删减部分单项指标。对旧工业建筑进行再生利用价值评定时，在其指标优化过程中应重点突出"再生利用"部分，并将优化后的单项指标作为打分项，从而进行旧工业建筑再生利用价值的评定。

1) 空间安全指标优化

对"建(构)筑物安全 A_1"分项进行指标优化时应以建(构)筑物为单项指标主体，对于其安全进行综合考虑，故对原单项指标中的 $a_{11}\sim a_{15}$ 进行综合，优化为" A_{11} 是否对再生利用建(构)筑物结构安全、材料设备安全进行检测及性能评定"，原单项指标 a_{16}、a_{17} 仍保留，优化后编号别为 A_{12}、A_{13}。

对"空间区域安全 A_2"分项指标进行优化时，原单项指标中 $a_{21}\sim a_{25}$ 是对管线、道路、消防、出入口的价值进行评定，可概括为优化后打分项" A_{21} 管线、道路(消防车道)、厂区出入口布设合理程度"，a_{26} 原单项指标内容不变，优化后编号为 A_{22}。

对"生态环境安全 A_3"分项的下设指标进行优化，其中 $a_{32}\sim a_{35}$ 描述旧工业建筑再生利用后声污染、光污染、固态/气态废弃物排放等对厂区的影响，为了使打分项更加简洁，做到言简意赅，将其概括为" A_{32} 再生利用后厂区声、光污染及废弃物排放是否符合要求程度"；原单项指标" a_{36} 振动强度"中是对厂区振动情况影响的评定，而多数厂区再生后无振动影响，故将这一指标删除。

2) 投资价值指标优化

对"建设规模 B_1"分项下的指标进行优化，原单项指标 $b_{11}\sim b_{13}$ 对建筑密度、容积率、绿地率、净空高度等的要求可以综合考虑，优化为" B_{11} 再生利用过程中是否考虑建筑密度、容积率、绿地率、净空高度等要求"，原单项指标 b_{14} 内容保留，优化后编号为 B_{12}。

对"投资成本 B_2"分项下的指标进行优化，可将原单项指标中 b_{21}、b_{22} 资金政策和自有资金占比综合考虑，优化后指标为"B_{21} 是否满足相关资金政策扶持条件及自有资金占用比例"，原 b_{23} 指标内容保留，优化后编号为 B_{22}。

对"投资收益 B_3"分项下的指标进行优化，原指标 b_{31}、b_{32} 分别基于再生利用模式及投资收益模式进行投资预测，两项指标可优化为"B_{31} 是否根据再生利用模式及投资收益模式进行投资预测"，原单项指标 $b_{33} \sim b_{36}$ 分别对静态投资回收期、盈亏平衡分析、敏感性分析、基准收益率等指标进行打分评定，这些动态、静态评价指标均可归类为项目经济评价指标，故将其优化为"B_{32} 是否进行项目经济评价指标的分析"。

3) 文化价值指标优化

对"设计理念 C_1"分项下的指标进行优化，原指标 $c_{11} \sim c_{16}$ 是对旧工业建筑外观、工业文化的评定指标，将这 6 个指标整合后优化为"C_{11} 再生利用过程中对工业建筑特色保护及工业文化的表达程度"，原单项指标 c_{17} 内容不变，优化后标号为 C_{12}。

对"文脉传承 C_2"分项下的指标进行优化，原指标 c_{21}、c_{22} 是对旧工业建筑在全国代表性及技术先进性的价值评定，可将其整合为一个指标，优化后为"C_{21} 原工业企业在同行业中的代表性及建造技术先进性"，原指标 $c_{23} \sim c_{27}$ 是从园区命名、厂区发展、资料整理、新旧文化结合等方面对旧工业建筑再生利用价值进行评定，将其优化后为"C_{22} 对旧工业建筑文化的保护与传承程度以及与现代文化的融合程度"。

4) 生态价值指标优化

对"耗能问题 D_1"分项下的指标进行优化，原指标 d_{11} 优化后编号为 D_{11}，原指标 $d_{12} \sim d_{15}$ 均是对再生利用过程中原有建(构)筑物及原有设备设施再生利用的价值评定，故可将其合并为"D_{12} 再生利用过程中是否充分利用原厂房中构件以降低能耗"，原指标 d_{16} 评定对象较为狭窄，故将其优化为"D_{13} 再生利用采用设备设施是否节能、达标"，d_{17} 指标内容保留，优化后编号为 D_{14}。

对"用水问题 D_2"分项下的指标进行优化，原指标 d_{21} 是在再生利用过程中对原有厂区管道的利用、改造情况进行评定，优化后为"D_{21} 再生利用是否结合原有厂区的给排水管网进行综合设计"，原指标 d_{22}、d_{23} 分别从中水、雨水两方面对厂区水回收系统再生进行价值评定，为使语言简洁，优化后为"D_{22} 是否采用中水、雨水等水资源收集回用系统"，原指标 d_{24}、d_{25} 分别从节水灌溉、节水技术两方面对厂区节水系统再生进行价值评定，优化后为"D_{23} 是否采用合理的绿色节水灌溉方式及其他节水措施"。

对"耗材问题 D_3"分项下的指标进行优化，原指标 $d_{31} \sim d_{34}$ 分别从材料是否可再生、再循环以及本地材料占比等方面对建筑材料进行价值评定，为了使评定指标更加简洁、高效，将这类指标综合为"D_{31} 再生利用过程采用的材料是否符合环保要求，是否充分利用当地生产材料"；原指标 d_{35}、d_{36} 内容保留，编号优化为 D_{32}、D_{33}。

对"用地问题 D_4"分项下的指标进行优化，原指标 d_{41} 内容保留，优化后指标编号为 D_{41}；原指标 d_{42}、d_{43} 均是对再生土地利用价值进行评定，整合后为"D_{42} 再生利用过程是否编制用地方案以及对空间开发利用的程度"。

5) 社会价值指标优化

对"社会影响 E_1"分项下的指标进行优化，原单项指标 e_{11}、e_{12} 对旧工业建筑再生利用后的区域经济及区域产业结构两方面进行价值评定，将两个指标优化后为"E_{11} 再生利用对区域经济及区域产业结构的影响"，原单项指标 e_{13}、e_{14} 从旧工业建筑对居民生活影响及原厂区职工安置的方面进行价值评定，优化后为"E_{12} 再生利用对原厂区企业职工安置及周边居民生活的影响程度"。

对"社会风险 E_2"分项下的指标进行优化，将原指标 e_{21}～e_{24} 整合优化后为"E_{21} 再生利用是否满足政策要求，是否编制经济、自然、安全风险控制方案"。

对"互适影响 E_3"分项下的指标进行优化，主要从不同群体间互适影响及区域内技术、文化利用等方面进行价值评定，优化后为"E_{31} 不同利益群体的参与程度及组织可支持、配合程度"及"E_{32} 区域现有技术和文化状况对项目的适用程度"。旧工业建筑再生利用价值评定指标优化前后对照见表 8-4。

表 8-4　旧工业建筑再生利用价值评定指标优化前后对照表

分项指标		编号	(原)单项指标	编号	(现)单项指标
一级指标	二级指标				
空间安全 A	建(构)筑物安全 A_1	a_{11}	结构安全	A_{11}	是否对再生利用建(构)筑物结构安全、材料设备安全进行检测及性能评定
		a_{12}	结构性能		
		a_{13}	隔振、消能减振技术		
		a_{14}	高耐久性材料		
		a_{15}	设备设施		
		a_{16}	消防系统及设施	A_{12}	消防系统及设施是否符合规定
		a_{17}	功能空间布局	A_{13}	功能空间布局是否安全合理
	空间区域安全 A_2	a_{21}	管线、道路和消防管道	A_{21}	管线、道路(消防车道)、厂区出入口布设合理程度
		a_{22}	安全出口		
		a_{23}	管线敷设		
		a_{24}	管线设计与厂区设计		
		a_{25}	消防车道		
		a_{26}	道路设计与总平	A_{22}	道路设计是否满足总体规划和平面布置的要求
	生态环境安全 A_3	a_{31}	厂区环境	A_{31}	再生利用后厂区环境是否符合生态要求
		a_{32}	大气污染物	A_{32}	再生利用后厂区声、光污染及废弃物排放符合要求程度
		a_{33}	固体废物		
		a_{34}	噪声污染		
		a_{35}	光污染		

续表

分项指标		编号	(原)单项指标	编号	(现)单项指标
一级指标	二级指标				
空间安全 A	生态环境安全 A_3	a_{36}	振动强度	—	—
投资价值 B	建设规模 B_1	b_{11}	建筑密度和容积率	B_{11}	在旧工业建筑绿色改造过程中是否考虑建筑密度、容积率、绿地率、净空高度等要求
		b_{12}	净空保护		
		b_{13}	绿地率		
		b_{14}	投资估算文件	B_{12}	是否编制再生利用投资估算文件
	投资成本 B_2	b_{21}	资金政策	B_{21}	是否满足相关资金政策扶持条件及自有资金占用比例
		b_{22}	自有资金占比		
		b_{23}	经济比选	B_{22}	是否对再生利用和重建方案进行经济比选
	投资收益 B_3	b_{31}	模式预测	B_{31}	是否根据再生利用模式及投资收益模式进行投资预测
		b_{32}	投资收益模式		
		b_{33}	静态投资回收期	B_{32}	是否进行项目经济评价指标的分析
		b_{34}	盈亏平衡分析		
		b_{35}	敏感性分析		
		b_{36}	基准收益率		
文化价值 C	设计理念 C_1	c_{11}	整体保护	C_{11}	过程中对工业建筑特色保护及工业文化的表达程度
		c_{12}	工业特征美		
		c_{13}	社会化、城市化		
		c_{14}	建筑元素		
		c_{15}	厂区设计		
		c_{16}	厂区文化		
		c_{17}	原有物资利用程度	C_{12}	原建(构)筑物、机器、设备利用程度
	文脉传承 C_2	c_{21}	原工业企业代表性和先进性	C_{21}	旧工业建筑原工业企业在同行业中的代表性及建造技术先进性
		c_{22}	建造技术先进性		
		c_{23}	园区文化	C_{22}	对旧工业建筑文化的保护与传承程度以及与现代文化的融合程度
		c_{24}	园区命名		
		c_{25}	厂区发展		
		c_{26}	人本文化		
		c_{27}	工业遗存资料		

续表

分项指标		编号	(原)单项指标	编号	(现)单项指标
一级指标	二级指标				
生态价值 D	耗能问题 D_1	d_{11}	建筑优化设计	D_{11}	建筑体形、楼距、窗墙比是否进行优化设计
		d_{12}	照明系统	D_{12}	再生利用过程中是否充分利用原厂房中构件以降低能耗
		d_{13}	采光设计		
		d_{14}	结构设计与原结构		
		d_{15}	建筑通风设计		
		d_{16}	空调机组	D_{13}	再生利用采用设备设施是否节能、达标
		d_{17}	屋面改造	D_{14}	屋面是否采取绿色节能改造措施
	用水问题 D_2	d_{21}	给排水管道	D_{21}	再生利用是否结合原有厂区的给排水管网进行综合设计
		d_{22}	中水回收	D_{22}	是否采用中水、雨水等水资源收集回用系统
		d_{23}	雨水收集		
		d_{24}	节水灌溉	D_{23}	是否采用合理的绿色节水灌溉方式及其他节水措施
		d_{25}	节水技术		
	耗材问题 D_3	d_{31}	建筑材料及制品	D_{31}	再生利用过程采用材料是否符合环保要求，是否充分利用当地生产材料
		d_{32}	可再生材料		
		d_{33}	装饰装修建筑材料		
		d_{34}	本地生产建筑材料		
		d_{35}	隔断(墙)重复使用	D_{32}	对于原室内空间隔断(墙)的重复利用程度
		d_{36}	土建和装修一体化	D_{33}	再生利用部分是否采用土建和装修一体化设计
	用地问题 D_4	d_{41}	发展关系	D_{41}	厂区土地建设近期与远期发展的关系明确程度
		d_{42}	用地计划	D_{42}	再生利用过程是否编制用地方案以及对空间开发利用的程度
		d_{43}	空间开发利用		
社会价值 E	社会影响 E_1	e_{11}	区域经济影响	E_{11}	再生利用对区域经济及区域产业结构的影响
		e_{12}	区域产业结构		
		e_{13}	周边居民影响	E_{12}	再生利用对原厂区企业职工安置及周边居民生活的影响程度
		e_{14}	就业安置		
	社会风险 E_2	e_{21}	政策性风险	E_{21}	再生利用是否满足政策要求，是否编制经济、自然、安全风险控制方案
		e_{22}	经济风险预防		
		e_{23}	自然环境风险		
		e_{24}	安全风险控制		
	互适影响 E_3	e_{31}	不同利益群体参与	E_{31}	不同利益群体的参与程度及组织可支持、配合程度
		e_{32}	可支持和配合程度		
		e_{33}	区域适用程度	E_{32}	区域现有技术和文化状况对项目的适用程度

3. 价值评定指标体系权重的确定

对旧工业建筑再生利用价值评定指标进行权重评定时应充分考虑各指标对于价值评定的影响程度。因此在确定权重时，首先对分项指标进行层次分析结构的确立，层次分析结构如图 8-38 所示。

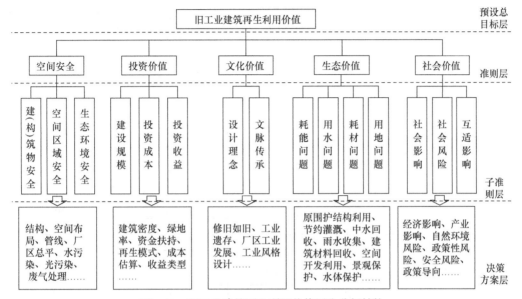

图 8-38　旧工业建筑再生利用价值层次分析结构

在层次分析结构的基础上，进行指标体系因子的权重确定。计算得一级指标权重：空间安全权重为 0.399，投资价值权重为 0.128，文化价值权重为 0.037，生态价值权重为 0.399，社会价值权重为 0.037。采用同样的方法对决策方案层指标进行权重确定，结果见表 8-5。

表 8-5　旧工业建筑再生利用价值评定指标权重得分表

分项指标			决策方案层指标编号	决策方案层指标权重
准则层指标	准则层指标权重	子准则层指标		
空间安全 A	0.399	建(构)筑物安全 A_1	A_{11}	0.185
			A_{12}	0.087
			A_{13}	0.206
		空间区域安全 A_2	A_{21}	0.110
			A_{22}	0.182
		生态环境安全 A_3	A_{31}	0.143
			A_{32}	0.087
投资价值 B	0.128	建设规模 B_1	B_{11}	0.226
			B_{12}	0.171
		投资成本 B_2	B_{21}	0.171
			B_{22}	0.208
		投资收益 B_3	B_{31}	0.112

分项指标			决策方案层指标编号	决策方案层指标权重
准则层指标	准则层指标权重	子准则层指标		
			B_{32}	0.112
文化价值 C	0.037	设计理念 C_1	C_{11}	0.250
			C_{12}	0.250
		文脉传承 C_2	C_{21}	0.250
			C_{22}	0.250
生态价值 D	0.399	耗能问题 D_1	D_{11}	0.111
			D_{12}	0.097
			D_{13}	0.128
			D_{14}	0.104
		用水问题 D_2	D_{21}	0.064
			D_{22}	0.095
			D_{23}	0.046
		耗材问题 D_3	D_{31}	0.055
			D_{32}	0.124
			D_{33}	0.118
		用地问题 D_4	D_{41}	0.035
			D_{42}	0.023
社会价值 E	0.037	社会影响 E_1	E_{11}	0.221
			E_{12}	0.221
		社会风险 E_2	E_{21}	0.206
		互适影响 E_3	E_{31}	0.176
			E_{32}	0.176

由各打分项乘相应的权重得到老钢厂再生利用价值评定的总体分值 M,即 $M = A_{11}\omega_1 + A_{12}\omega_2 + \cdots + E_{32}\omega_m$,根据各准则层的价值评定结果及《旧工业建筑再生利用价值评定标准》(T/CMCA 3004—2019)得到总体分值评定表,见表 8-6。表 8-6 中总体分值 M 的下限由"满足条件"的最低要求分数与对应权重的乘积和算得,例如,经济主导城市内的"可行"情况,根据表 8-2 和表 8-5 得计算式:$M=80 \times 0.399+90 \times 0.128+60 \times 0.037+60 \times 0.399+60 \times 0.037=71.82$,取整后为 72,作为评定为"可行"的分值条件。

表 8-6 总体分值评定表

城市类型	满足条件	总体分值 M	评定结果
经济主导城市	A 满足一级或二级,B 满足一级,其余满足三级	>72	可行
	A 满足三级,B 满足二级或三级,E 满足一级或二级	>61	优化后可行
	其他		不可行
历史文化古城	A 满足一级或二级,C 满足一级	>70	可行
	A 满足三级,C 满足二级或三级,B、D 满足一级或二级	>63	优化后可行
	其他		不可行
协调发展城市	A 满足一级或二级,B、C、D、E 满足二级	>80	可行
	A、B、C、D、E 满足三级	>60	优化后可行
	其他		不可行

为了让大家更好地理解老钢厂再生利用价值评定过程，以上介绍了指标体系建立的过程，下面将建立价值评定模型，本节主要对决策方案层指标打分。

通过实地走访情况、厂区资料调查结果及对老钢厂再生利用概况的了解，依据表 8-5，调整后得出表 8-7，并采用德尔菲法请相关专家对各项进行打分，取得各专家打分的均值，得分整理后见表 8-7。

表 8-7　老钢厂再生利用指标项打分及权重表

分项指标		决策方案层指标编号	决策方案层指标最终权重	得分
准则层指标	准则层指标权重			
空间安全 A	0.399	A_{11}	0.185	95
		A_{12}	0.087	85
		A_{13}	0.206	90
		A_{21}	0.110	80
		A_{22}	0.182	95
		A_{31}	0.143	90
		A_{32}	0.087	80
投资价值 B	0.128	B_{11}	0.226	85
		B_{12}	0.171	80
		B_{21}	0.171	85
		B_{22}	0.208	90
		B_{31}	0.112	80
		B_{32}	0.112	80
文化价值 C	0.037	C_{11}	0.250	90
		C_{12}	0.250	95
		C_{21}	0.250	85
		C_{22}	0.250	90
生态价值 D	0.399	D_{11}	0.111	90
		D_{12}	0.097	95
		D_{13}	0.128	80
		D_{14}	0.104	85
		D_{21}	0.064	90
		D_{22}	0.095	80
		D_{23}	0.046	80
		D_{31}	0.055	95
		D_{32}	0.124	95
		D_{33}	0.118	95

分项指标		决策方案层指标编号	决策方案层指标最终权重	得分
准则层指标	准则层指标权重			
生态价值 D	0.399	D_{41}	0.035	95
		D_{42}	0.023	85
社会价值 E	0.037	E_{11}	0.221	90
		E_{12}	0.221	95
		E_{21}	0.206	80
		E_{31}	0.176	90
		E_{32}	0.176	85

8.3　结论建议

8.3.1　价值评定结果

1. 准则层价值评定

对于准则层——空间安全的得分进行计算，得到其总得分为 89.43 分，据表 8-2，空间安全 A 评定等级为二级。同理投资价值 B 总得分为 84.07 分，评定等级为二级。文化价值 C 总得分为 90.00 分，评定等级为一级。生态价值 D 总得分为 88.82 分，评定等级为二级。社会价值 E 总得分为 88.17 分，评定等级为二级。

2. 总体分值价值评定

老钢厂所在城市——西安，属于历史文化古城，根据 $M = A_{11}\omega_1 + A_{12}\omega_2 + \cdots + E_{32}\omega_m$，算得总体得分为 88.41 分，又知空间安全评定为二级，投资价值评定为二级，文化价值评定为一级，生态价值评定为二级，社会价值评定为二级，根据各准则层的价值评定结果、《旧工业建筑再生利用价值评定标准》(T/CMCA 3004—2019)及表 8-6 可知，评定结果为方案可行。

8.3.2　价值提升建议

由厂区再生利用价值评定模型及评定结果可知，老钢厂再生利用方案满足《旧工业建筑再生利用价值评定标准》(T/CMCA 3004—2019)的要求，由再生利用价值总体得分可将其评定等级为一级，故可依据该再生利用方案进行老钢厂的改造。

从准则层的评定结果可知，"文化价值"得分较高，评定为一级，说明从文化方面该方案能够充分体现厂区再生利用价值；"空间安全"和"生态价值"评定为二级，但得分也较高，基本接近一级，说明在这两方面该方案也比较能够体现厂区再生利用价值，但仍有需要优化和提升的方面；"社会价值"分值在二级得分区间内相对较高，但其没能评定为一级的主要原因为在"再生利用满足政策要求"、"编制经济、自然、安全风险控制方案"方面方案欠妥，仍需优化；"投资价值"分值与其他方面相比较低，说明投资方案仍有可优化的空间，可以从"建设规模"、"投资成本"和"投资收益"三个方面入手，进行方案优化。

本章以老钢厂再生项目改造为例，通过对其现状的调查，建立了老钢厂再生利用价值评定指标体系，通过对指标层的权重计算，得出方案可行的结论。欲使再生利用方案能够更好地起作用，在此过程中，总结了土木工程再生利用价值评定需要注意的点。

(1) 土木工程再生利用以政府立项决策为指导，"大拆大建"的模式已不适用，"修旧如旧"更能紧跟潮流，既节约成本又能保留建(构)筑物本身的经济、文化、生态等价值，因此在制定再生利用方案时，应最大限度地利用原有建筑。

(2) 指标体系建立的成功与否直接影响方案是否可行，因此在前期收集资料的过程中，应充分考虑资料是否能合理地构建指标，以免后期在筛选指标时任务量大。

(3) 从指标层的评定结果得出评分较低的价值，应根据不同地区、不同政策来进行优化，具体优化策略根据情况而定。

思　考　题

8-1. 简述旧工业建筑再生利用的意义。

8-2. 本章中采取的旧工业建筑的调查方法有哪些？

8-3. 旧工业建筑再生利用的调查内容包括哪些？

8-4. 请简述层次分析法的计算流程。

8-5. 就旧工业建筑再生利用而言，简要描述其价值评定的层次分析结构。

8-6. 请简要说明旧工业建筑再生利用价值评定的结果划分区间。

8-7. 旧工业建筑再生利用价值评定结果被评为不可行，代表什么含义？

8-8. 为更好地对旧工业建筑进行再生利用，结合你所学的专业知识，你还有哪些好的建议？

8-9. 为了提高某旧仪表厂再生利用方案的可行性，对其 11 项再生对象进行了考核，考核标准包括五项再生利用价值。表 8-8 是对各项再生对象的价值考核后的评分结果。

表 8-8　考核分值统计表

再生对象	X_1	X_2	X_3	X_4	X_5
A	100	90	100	84	90
B	100	100	78.6	100	90
C	75	100	85.7	100	90
D	100	100	78.6	100	90
E	100	90	100	100	100
F	100	100	100	100	90
G	100	100	78.6	100	90

续表

再生对象	X_1	X_2	X_3	X_4	X_5
H	87.5	100	85.7	100	100
I	100	100	92.9	100	80
J	100	90	100	100	100
K	100	100	92.9	100	90

请使用熵权法对其赋权并进行权重计算。

8-10. 现有某位于经济主导城市内的旧工业建筑需要进行再生利用,初步拟定的再生利用后园区功能为设计创意产业园。目前有三种备选方案,已知各价值权重(表 8-5),邀请多位专家对各再生利用方案进行打分并计算均值,见表 8-9,试结合表 8-6 分析各方案的优劣并进行方案选择。

表 8-9　各再生利用方案专家分值

备选方案	空间安全 A	投资价值 B	文化价值 C	生态价值 D	社会价值 E
方案甲	85.9	89.4	90.9	95.3	90.3
方案乙	88.5	92.4	95.3	80.7	86.0
方案丙	94.6	98.0	80.3	80.0	95.7

参考答案

参 考 文 献

蒋楠, 王建国, 2016. 近现代建筑遗产保护与再生利用综合评价[M]. 南京：东南大学出版社.

李慧民, 裴兴旺, 孟海, 2017. 旧工业建筑再生利用结构安全检测与评定[M]. 北京：中国建筑工业出版社.

李慧民, 张扬, 田卫, 2017. 旧工业建筑绿色再生概论[M]. 北京：中国建筑工业出版社.

李慧民, 张扬, 李勤, 2018. 旧工业建筑再生利用文化解析[M]. 北京：中国建筑工业出版社.

李勤, 胡昕, 刘怡君, 2019. 历史老城区保护传承规划设计[M]. 北京：冶金工业出版社.

李勤, 张扬, 李文龙, 2019. 旧工业建筑再生利用规划设计[M]. 北京：中国建筑工业出版社.

林源, 2012. 中国建筑遗产保护基础理论[M]. 北京：中国建筑工业出版社.

刘伯英, 冯钟平, 2009. 城市工业用地更新与工业遗产保护[M]. 北京：中国建筑工业出版社.

刘金为, 周保卫, 2008. 旧工业建筑改造再利用新进展[J]. 工业建筑, (8): 31-34.

史喜宝, 王建省, 2014. 北京古建筑民居木结构加固方法及应用研究[J]. 北方工业大学学报, 26(1): 77-81, 88.

唐浩, 2017. 城市废弃物再生利用研究[M]. 武汉：华中科技大学出版社.

王建国, 2008. 后工业时代产业建筑遗产保护更新[M]. 北京：中国建筑工业出版社.

徐光, 2015. 旧建筑改造设计基本原则与案例分析[M]. 北京：中国书籍出版社.

袁广林, 鲁彩凤, 李庆涛, 等, 2016. 建筑结构检测鉴定与加固技术[M]. 武汉：武汉大学出版社.

周乐, 梁振宇, 孙威, 等, 2014. 土木工程检测与加固技术[M]. 北京：化学工业出版社.

周乾, 闫维明, 李振宝, 等, 2009. 古建筑木结构加固方法研究[J]. 工程抗震与加固改造, 31(1): 84-90.